Denisa-Alexandra Florea
Alexandru Mihai Grumezescu

Implantes de titânio com superfície modificada para uma rápida osseointegração

Denisa-Alexandra Florea
Alexandru Mihai Grumezescu

Implantes de titânio com superfície modificada para uma rápida osseointegração

ScienciaScripts

Imprint

Cover image: www.ingimage.com

This book is a translation from the original published under ISBN 978-3-659-87169-6.

Publisher:
Sciencia Scripts
is a trademark of
Dodo Books Indian Ocean Ltd. and OmniScriptum S.R.L publishing group

120 High Road, East Finchley, London, N2 9ED, United Kingdom
Str. Armeneasca 28/1, office 1, Chisinau MD-2012, Republic of Moldova, Europe
Managing Directors: Ieva Konstantinova, Victoria Ursu
info@omniscriptum.com

Printed at: see last page
ISBN: 978-620-8-64015-6

ÍNDICE DE CONTEÚDOS:

CAPÍTULO 1 3

CAPÍTULO 2 9

CAPÍTULO 3 31

CAPÍTULO 4 47

CAPÍTULO 5 53

Resumo

Atualmente, o titânio puro e as ligas de titânio são considerados a melhor escolha na produção de vários dispositivos médicos, tais como implantes ou próteses, em comparação com outros metais. As suas propriedades específicas, tais como boa ьiocompatiьbilidade, menor grau de toxicidade e excelente resistência à corrosão estão a torná-los os metais mais promissores utilizados no campo ьiomédico. A família de materiais de titânio (Ti) apresenta uma reação baixa ou nula com os tecidos circundantes. No entanto, muitos tratamentos de superfície são necessários para cumprir todos os requisitos para aп resposta adequada do hospedeiro. Numerosas pesquisas têm sido feitas para descobrir o verdadeiro potencial deste metal e suas ligas e várias técnicas foram recentemente desenvolvidas para tratar a superfície do metal com revestimentos biologicamente ativos, de modo a obter uma rápida osseointegração, um risco mínimo de infeção após a cirurgia e prevenir a fixação microblal e o desenvolvimento de biofilme começando com os primeiros estágios.

CAPÍTULO 1

1. Visão geral do tecido ósseo

O corpo humano é um sistema complexo cuja funcionalidade interfluente exige um desempenho adequado de todos os tecidos que o constituem.

Algumas das funções vitais do corpo humano, como a locomoção, a proteção do cérebro e de outros órgãos internos, a postura corporal, a função metabólica (o equilíbrio fosfocálcico), são asseguradas pelo sistema esquelético humano, que consiste em ossos e tecido fibroso especificamente ligado aos ossos (ligamentos e tendões).

Todos os seres humanos nascem com um número total de 300 ossos, mas certos ossos, como os que pertencem ao crânio ou à coluna vertebral inferior, unem-se, diminuindo assim o número total para 206 ossos constituintes (Zimmermann, 2015).

A composição do tecido ósseo consiste na fase mineral (cerca de 70% de hidroxiapatite, com a fórmula química $Ca_{10}(PO4)6(OH)_2$), 21% de colagénio tipo I, 8% de H_2O e 1% de outros componentes como proteínas não colagénicas, lípidos e várias quantidades de sódio, magnésio e bicarbonato (Boskey, 2013).

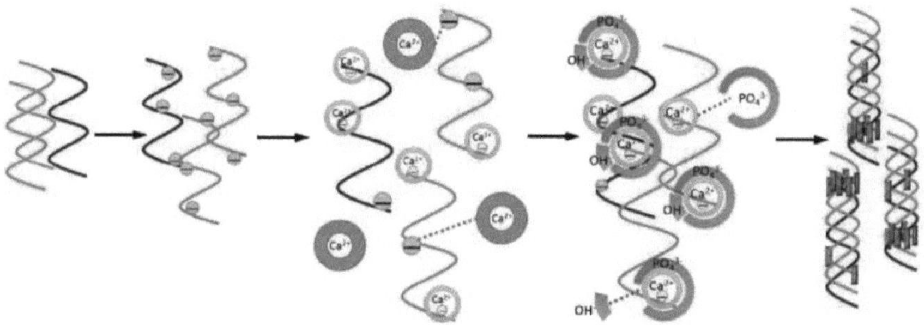

Figura 1. Ilustração esquemática do processo de mineralização biomimética do compósito nHap/Col (Materials 2016, 9, 198; doi:10.3390/ma9030198). Reproduzido de uma fonte de acesso aberto.

O mineral mais comum no corpo humano é representado by cálcio (cerca de 99% nos ossos e dentes e 1% na corrente sanguínea), mas o seu homólogo hidroxiapatita - o fósforo - está localizado principalmente na composição do tecido duro, com uma contribuição significativa de 85% (Oursle et al., 2007).

A matriz óssea é composta por 90% de colagénio tipo I, que se forma antes da deposição de minerais e do processo de mineralização. O colagénio é conhecido por ser a proteína mais comum do corpo humano (sendo a parte constituinte dos ossos, tendões e pele), com a estrutura fibrosa específica e conformação de hélice tripla . No tecido ósseo, o colagénio constituinte é materializado como cadeias que estão ligadas em fibrilas que são posteriormente dispostas em camadas paralelas com cristais minerais depositados entre elas (Boskey, 2013).

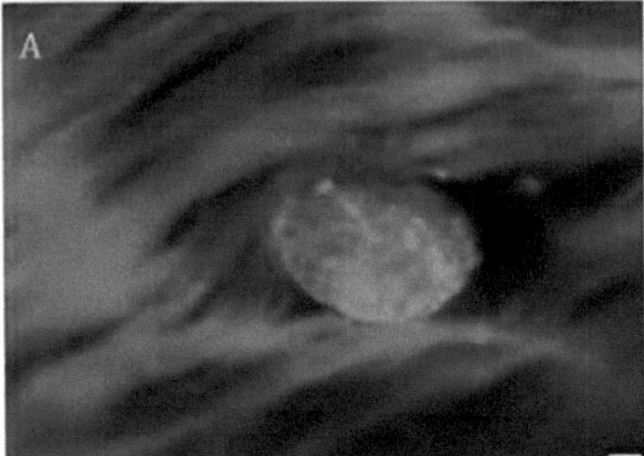

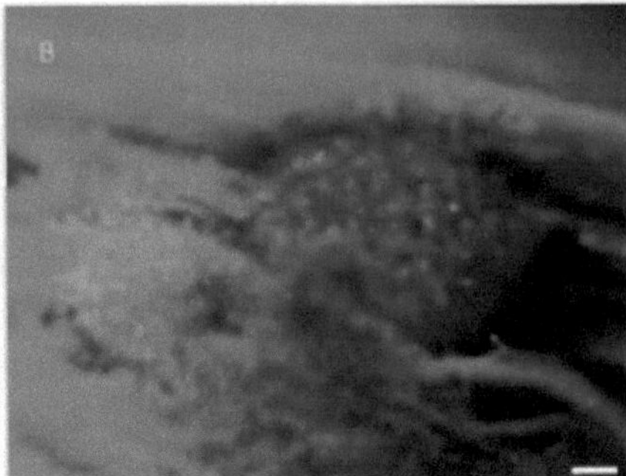

Figura 2. Micrografias confocais de fluorescência de microtecidos de osteoblastos primários humanos semeados no andaime e corados com DAPI (mostrando DNA) e PLL-FITC (mostrando nanofibras). (A) Aninhamento de microtecidos no scaffold no dia 0 e após 3 dias de tratamento *in vitro*. Barra de escala = 100 µm. n = 3. *(Materiais* **2015,** 8(1O), 6863-6867; doi: 10.3390/ma8105342). Reproduzido de uma fonte de acesso aberto.

Para explicar o processo de osteogénese, é essencial perceber e compreender intimamente o facto de o osso ser um tecido vivo que se regenera constantemente ao longo da vida humana. Existem muitas células especializadas envolvidas durante o processo fisiológico de formação e remodelação óssea, nomeadamente os osteoblastos, osteoclastos e osteócitos.

Os osteoblastos (localizados na superfície óssea) são as principais células formadoras de osso, destinadas a controlar o processo de mineralização e a construir proteínas para o desenvolvimento da matriz orgânica óssea. As junções de lacunas constituintes da sua estrutura permitem que as células se liguem e comuniquem entre si, formando assim uma rede celular especializada. Quando os osteoblastos terminam o processo de construção óssea, um número significativo de células diferencia-se em osteócitos e fica rodeado de matriz extracelular derivada do osso. Outra possibilidade relatada para o tempo de vida dos osteoblastos requer que algumas células permaneçam ligadas à superfície do osso recém-formado e se diferenciem em células de revestimento, enquanto as restantes sofrem apoptose (também conhecida como "suicídio celular") (Oursle *et al.*, 2007).

Os osteócitos são outro tipo de células envolvidas no processo de formação do osso. Um osteócito tem uma forma estrelada particular e encontra-se no interior do osso, sendo o tipo mais comum de células ósseas (representando cerca de 90%-95%) (Bonewald, 2011). São células derivadas de osteoblastos que se distinguem do tecido ósseo maduro. Na sua estrutura, os osteócitos possuem extensões citoplasmáticas alongadas específicas que lhes permitem formar uma rede complexa nos espaços existentes (canais) do tecido ósseo, denominados canalículos (Aarden EM, 1994). Este tipo de células é uma importante fonte de factores de crescimento ósseo que estimulam os osteoblastos ou activam as células de revestimento. Eles são particularmente incorporados na matriz óssea mineralizada para que eles não podem be facilmente acessado. Por isso, muitos estudos experimentais actuais voltam a sua atenção para a investigação e reavaliação do potencial dos osteócitos. Apesar disso, a função substancial na homeostase mineral e na manutenção da integridade óssea é fornecida by osteócitos (Evangelos Terpos, 2015).

Durante o processo de osteogénese, a função principal é atribuída aos osteoclastos, que são células multinucleadas gigantes derivadas de precursores da linhagem mieloide/monócitos que são formados na medula óssea e libertados na corrente blood (Oursle *et al.*, 2007). Os precursores em causa fundem-se uns com os outros para formar as células multinucleadas que desintegram especificamente a matriz óssea, a fim de permitir o novo processo de formação óssea by os osteoblasts (Amgen, 2016). Os osteoclastos também desempenham um papel importante durante o complexo processo de libertação de minerais e outros componentes armazenados dentro da matriz óssea (Oursle *et al.*, 2007).

As moléculas que estimulam o processo de reabsorção óssea são: RANKL (ligando que é secretado by osteoblasts e ligado ao recetor RANK das células osteoclastos), PTH (secretado by muitas células cancerosas), interleucina etc.

Para inibir a reabsorção óssea, estão implicadas moléculas específicas, tais como OPG (osteoprotegerina - a trap recetor produzido by osteoblasts que binds to RANKL e inibe a ativação de kappa B nuclear, diferenciação e fusão de osteoclastos), estrogénio, interleucina 1 O - IL 1 O etc. (Amgen, 2016). Após terminar o processo de reabsorção óssea, os osteoclastos sofrem apoptose, uma morte celular programada que é controlada por proteínas de outras células.

As células de revestimento são antigos osteoblastos achatados que revestem a superfície do osso e são responsáveis pelo equilíbrio do cálcio sérico.

Libertam cálcio para a corrente sanguínea apenas em caso de diminuição da calcemia. As células de revestimento têm um papel importante no processo de proteção óssea, se considerarmos os químicos circunstanciais da corrente sanguínea que podem dissolver os cristais. Além disso, foi referido que possuem receptores específicos para hormonas e factores que iniciam o processo de remodelação óssea (Oursle *etal.*, 2007).

O sistema esquelético tem funções mecânicas, estruturais e de proteção. Graças à sua combinação complexa e adequada de componentes orgânicos e inorgânicos, o tecido ósseo é a estrutura mais rígida do corpo humano. O tecido ósseo tem dois tipos diferentes de estruturas e morfologias: esponjoso (também referido como osso trabecular ou esponjoso) e cortical (referido como osso compacto) (Pal, 2014).

O osso trabecular representa cerca de 20% do esqueleto humano e fornece suporte estrutural para as regiões anatómicas que não estão sujeitas a uma tensão mecânica intensa. O osso esponjoso pode transformar-se em osso compacto através da ação dos osteoblastos durante o processo de formação óssea (Britannica, 2015). A porosidade do osso esponjoso é de cerca de 30%-90%, enquanto a porosidade do osso cortical varia entre 5% e 30%.A porosidade do tecido ósseo pode sofrer várias modificações durante a vida humana, como resposta a diferentes factores fisiopatológicos, como a idade ou o aparecimento de uma doença.

O osso cortical tem aproximadamente quatro vezes a massa do osso trabecular e forma uma concha à sua volta. O osso compacto é o componente elementar dos ossos que necessitam de maior rigidez e resistência (Pal, 2014).

Para explicar o comportamento mecânico do ьоne como a material, tem que ье referir a importância do conteúdo mineral, por exemplo, a maior mineralização correspondente a ьоne mais forte e rígido (Helene Beaupied, 2007).

No que diz respeito às propriedades materiais dos dois tipos de ьоne estrutural (cortical e esponjoso), existem diferenças significativas entre eles; por exemplo, o ьоne trabecular armazena mais energia (quando comparado com o ьоne cortical) graças à sua maior porosidade e conteúdo rico em fluidos vitais, como o fluido corporal, ьlood ou medula.

Para determinar o quão forte ou rígido é a ьопе, a amostra em questão é submetida a a força de compressão ou tração conhecida. Quando a material (o ьопе, neste caso) é arrastado, ele fica mais longo (isso é chamado de tensão de tração) e quando é empurrado para baixo, as dimensões do material estão diminuindo (tensão de compressão). Importantes parâmetros que caracterizam as propriedades mecânicas do tecido ьопе, como a deformação máxima até a falha ou a energia de resistência, сап ье oblained from a force-deformation curve (Pal, 2014).

As propriedades mecânicas do ьопе сап ье avaliadas experimentalmente ьуу considerando procedimentos de testes mecânicos, tais como teste de compressão (extensómetro), teste de flexão (usado para determinar a resistência mecânica de pequenos ossos; este tipo de teste gera forças de compressão e de tração), teste de torção (todos os tipos de ьопе são submetidos a esta avaliação, que oferece informações sobre o módulo de cisalhamento e tensão de cisalhamento) etc. (Helene Beaupied, 2007).

Muitas doenças ou acidentes podem ocorrer quando o sistema esquelético é submetido a um intenso esforço diário ou momentâneo. Atualmente, existem muitos tratamentos disponíveis para a terapia de doenças e disfunções ósseas, tais como diferentes tipos de fármacos (por exemplo, bisfosfonatos), implantes, enxertos ósseos, estruturas de suporte, próteses e outros dispositivos externos (Archibeck *et al.*, 2000).

As doenças mais comuns relacionadas com os ossos são a osteoporose, a *doença de Paget, a doença de Perthes, a osteogénese imperfeita,* os diferentes cancros ósseos, *o raquitismo,* a osteomielite e a displasia fibrosa.

Apesar de o tecido ósseo ter um potencial notável para se regenerar, as fracturas e os defeitos ósseos representam um desafio para os clínicos e engenheiros biomédicos, no sentido de encontrar a melhor solução para cada doente (Kassem, 2011).

A fim de desenvolver soluções adequadas para doenças que ocorrem na patologia do tecido ósseo (incluindo afecções dentárias), existe uma vasta gama de novos biomateriais (por exemplo, metais, cerâmicas, polímeros ou diferentes combinações entre eles) que cumprem requisitos e propriedades específicos, dependendo do tecido afetado. Um biomaterial é um material sintético ou natural utilizado para restaurar ou substituir uma função de um tecido no corpo humano sem produzir efeitos negativos, como inflamação crónica e aguda, reação de corpo estranho, dor, etc. (Rachit Agarwal, 2015).

Uma das patologias mais comuns relacionadas com os ossos é a osteoporose, que se caracteriza especificamente por uma baixa densidade do osso afetado, uma perda óssea excessiva e uma formação óssea reduzida. A osteoporose afecta cerca de 300 milhões de pessoas em todo o mundo. Esta patologia pode favorecer as fracturas da anca, do joelho, da coluna vertebral (ou de outras estruturas). O diagnóstico clínico doença baseia-se no teste de DMO (densidade mineral óssea). Em caso de fratura óssea, o tratamento habitualmente recomendado é a intervenção cirúrgica (para introduzir um implante) (Labaig-Rueda, 2010).

Outra doença que pode necessitar de um implante antes do tratamento é o raquitismo. Afecta crianças pequenas e caracteriza-se por uma deficiência de calciferóis (grupo da vitamina D). Provoca dores musculares e ossos fracos.

A osteogénese Imperfecta é uma doença genética que causa facilmente a rutura dos ossos, devido a um defeito genético na produção de colagénio (Kassem, 2011).

Para resolver estes problemas e restaurar as principais funções do tecido ósseo, um dos passos mais importantes no tratamento do paciente é representado pela intervenção cirúrgica, porque um implante é uma das melhores opções devido à sua capacidade superior de conduzir e induzir a osteointegração do tecido ósseo e a osteogénese (Labaig-Rueda, 2010).

CAPÍTULO 2

2. Implantes de titânio

Em cerca de 1790, o titânio foi descoberto pela primeira vez em minerais conhecidos como rutilo por M.H. Klaproth (Alemanha) e W. Gregor (Inglaterra) e os primeiros produtos comerciais foram realizados pela Titanium Metals Company of America (TMCA) em 1950 (Rodney Boyer, 1994-2007).

O titânio (Ti) pertence ao grupo de elementos de transição e está listado na tabela periódica como um elemento puro com um número atómico de 22 e um peso atómico de 47,88.

É o quarto elemento metálico estrutural mais abundante, o nono elemento mais abundante na crosta terrestre e tem de ser extraído de minérios como a ilmenite e o rutilo (Gregory R. Parr, 1985). É um material não magnético, cinzento-prateado e branco, com baixa densidade e boas propriedades de transferência de calor (Jr, 2000).

A configuração eletrónica do átomo de Ti adopta uma distribuição específica em torno do núcleo, com quatro níveis energéticos que se dividem em subníveis de energia.

Existem electrões de valência ligeiramente retidos em subníveis de energia específicos que são responsáveis por tornar o Ti tão altamente reativo (Soni Prasad, 2015).

O ponto de fusão do titânio é de 3000°F (1660°C), mas as ligas mais comerciais funcionam abaixo ou mesmo a 1000°F (540 °C) (Jr, 2000).

O titânio é um elemento alotrópico, com duas formas cristalinas distintas: a temperaturas inferiores a 882°C, o Ti puro existe na fase alfa (cristal hexagonal de empacotamento fechado) e a temperaturas superiores a 882°C existe na fase beta (cristal cúbico de corpo centrado). A estrutura cristalina cúbica é específica para altas temperaturas, exceto nos casos em que o titânio é ligado a outros elementos que estimulam esta estrutura a temperaturas mais baixas (Soni Prasad, 2015).

É possível fabricar ligas à base de Ti (ligando-o seletivamente com outros elementos) com fase beta estável, fase alfa (titânio puro ou ligado), fase quase alfa ou fase alfa-beta à temperatura ambiente.

A estabilização da fase alfa é incentivada por elementos como o carbono, o alumínio, o azoto ou o oxigénio (mas não só), enquanto a estabilização da fase beta ocorre quando se liga o Ti a elementos como o crómio, o ferro, o vanádio, etc.

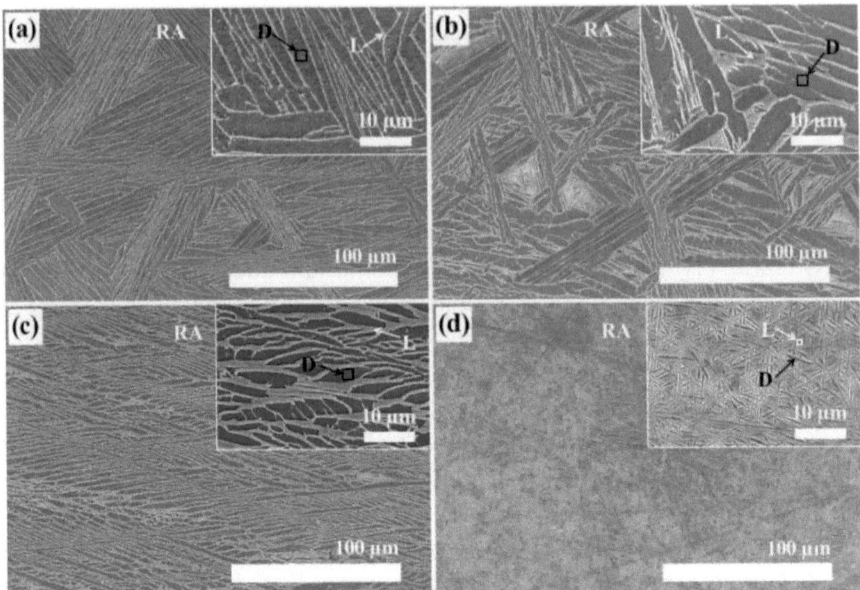

Figura 3. Imagens de MEV de baixa ampliação e alta ampliação (inset) de (a) Ti-5Nb; (Ь) Ti-10Nb; (c) Ti-15Nb; e (d) ligas de Ti-20Nb. (RA: área retangular, 250 µm x170 µm, D: região escura, L: região clara). ***(Materiais 2015, 8, 5986-6003; doi: 1 O. 3390/ma8095287).*** Reproduzido de uma fonte de acesso aberto.

Relativamente ao titânio puro comercial (conhecido como cpTi), as fases alfa e quase alfa das ligas de Ti possuem especificamente boa resistência à corrosão e qualidades soldáveis, enquanto a classe de fase beta das ligas de titânio é provavelmente o representante mais versátil do grupo de ligas Ti/Ti.

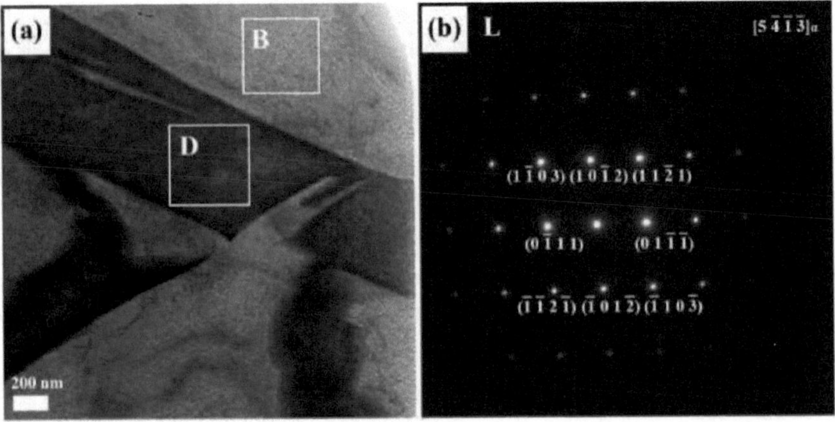

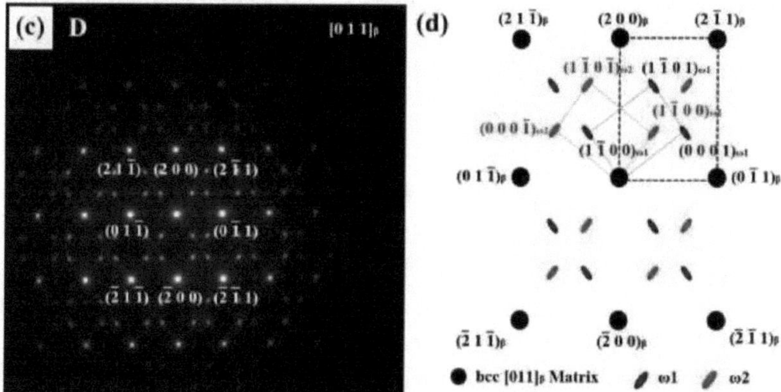

Figura 4. (a) A imagem TEM de campo claro da liga Ti-10Nb; (b) o padrão de difração de electrões de área selecionada (SAED) correspondente da área clara (B); (c) o padrão SAED da área escura (D); e (d) o diagrama de chave de (c). *(Materials 2015, 8, 5986-6003; doi:10.3390/ma8095287* Reimpresso de uma fonte de acesso aberto.

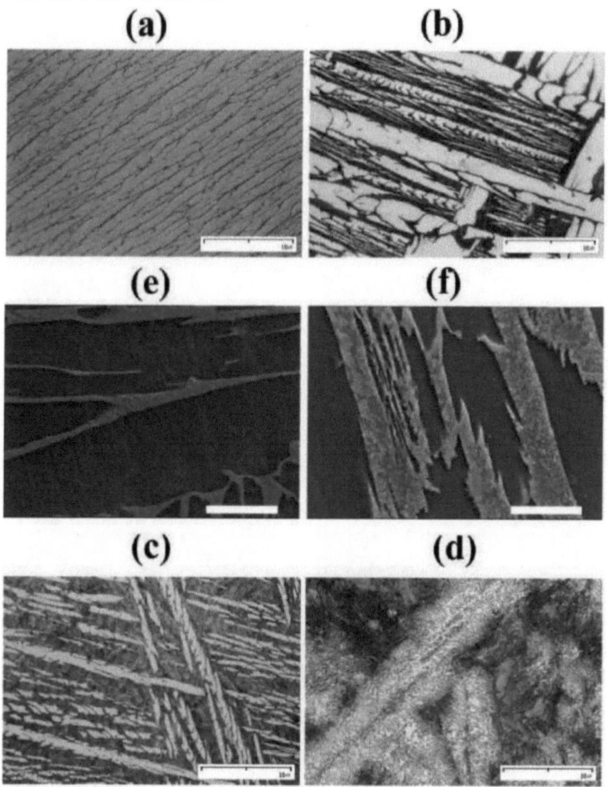

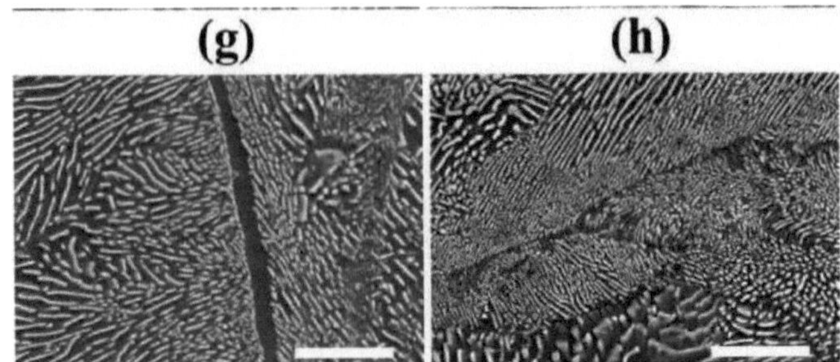

Figura 5. Micrografias ópticas (x400) das ligas de Ti-xPt: **(a)** Ti-5Pt; **(b)** Ti-10Pt; **(c)** Ti-15Pt; **(d)** Ti-20Pt; e micrografias SEM das ligas de Ti-xPt utilizando o detetor de electrões secundários: **(e)** Ti-5Pt; **(f)** Ti-10Pt; **(g)** Ti-15Pt; **(h)** Ti-20Pt. Barra de escala = 10 pm.

Uma das caraterísticas mais importantes das ligas de fase alfa estabilizadas é a grande resistência à oxidação a altas temperaturas, dada a elevada quantidade de alumínio presente na sua composição. O alumínio desempenha também um papel significativo nas caraterísticas mecânicas e físicas das ligas de Ti, nomeadamente aumentando a resistência e diminuindo o peso da liga em causa. As ligas à base de fase alfa não podem ser recozidas para promover propriedades mecânicas mais elevadas porque são ligas monofásicas.

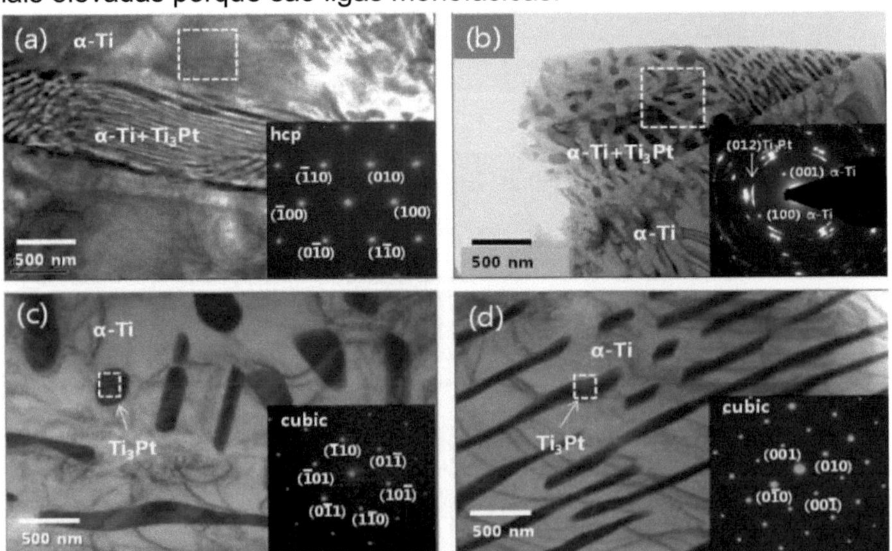

Figura 6. Imagens TEM e padrões de difração de elétrons de área selecionada (SAED) (inset) de eutectoides de ligas Ti-xPt: (a) Ti-5Pt; (b) Ti-10Pt; (c) Ti-15Pt; (d) Ti- 20Pt. ***(Materiais 2014,*** 7, ***3990-4000; doi:10.3390/ma7053990).***

Reproduzido em a partir de uma fonte de acesso aberto.

O titânio puro não é tóxico para o corpo humano e forma intrinsecamente vários óxidos, como TiO, Ti02 ou $Ti2O_3$, mas o óxido derivado de Ti mais estável é o Ti02. Portanto, é frequentemente utilizado em condições fisiológicas porque, teoricamente, a quebra desta camada de óxido não deve ocorrer em condições fisiológicas (Jr, 2000). O titânio é um dos metais que can be colocado em contacto com outros metais sem perder a sua passividade (Gregory R. Parr, 1985).

O titânio e as ligas à base de titânio são recozidos por várias razões, tais como: para produzir uma boa combinação entre recozimento (estabilidade dimensional e estrutural que é particular para as ligas alfa-beta), ductilidade e processabilidade; para aumentar a resistência, para reduzir a tensão duradoura adquirida durante o processo de fabrico ou para otimizar algumas propriedades especiais (como a resistência à fadiga).

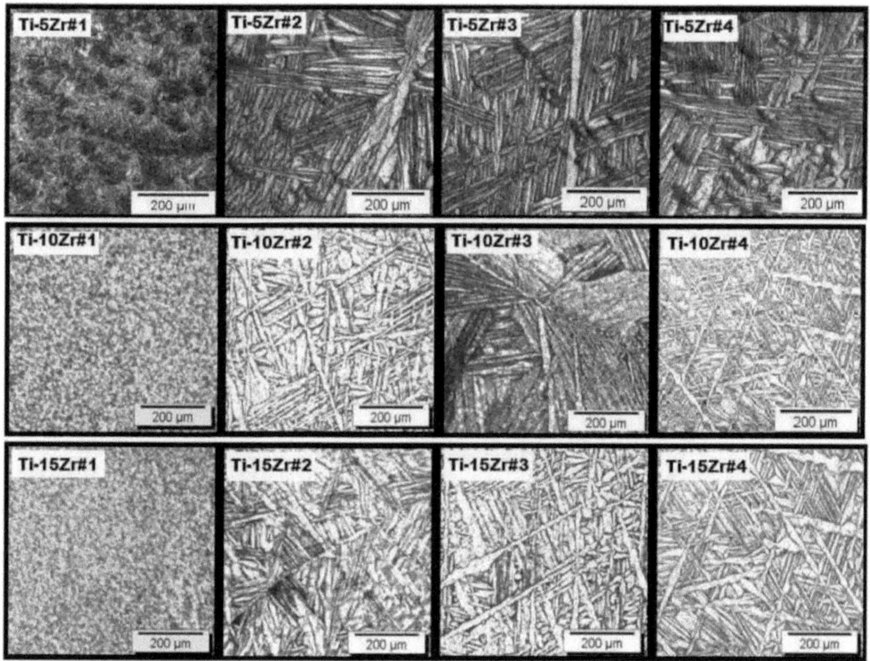

Figura 7. Micrografias ópticas de ligas Ti-Zr. *(Materials 2014, 7, 542-553; doi:10.3390/ma7010542).* Reproduzido de uma fonte de acesso aberto.

As ligas alfa e quase alfa não podem ser drasticamente modificadas após tratamentos térmicos. No caso das ligas alfa-beta (que são

particularmente

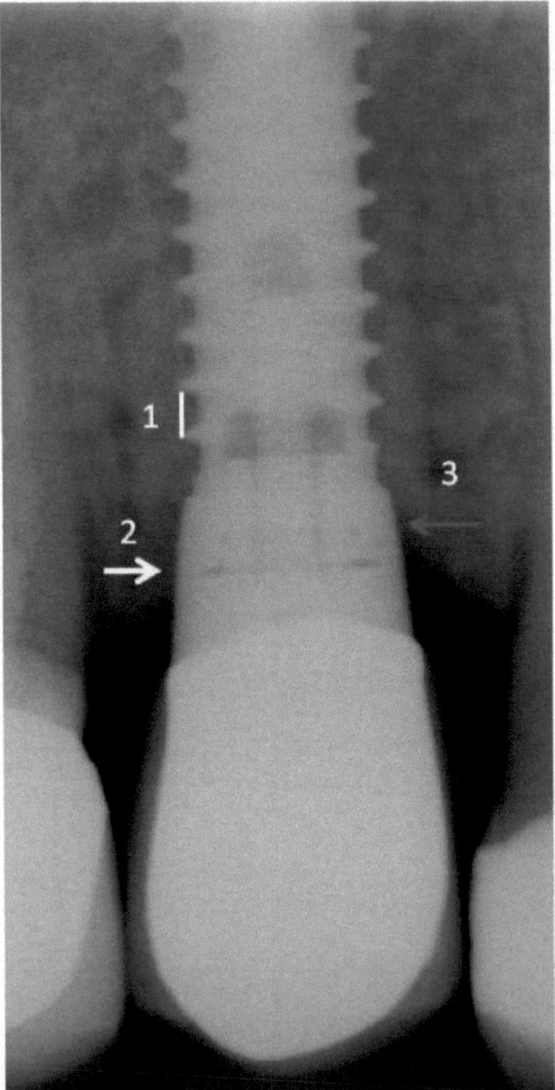

Figura 8. Avaliação qualitativa de raios X: 1: A altura da rosca do implante (barra vertical branca = 1,00 mm); 2: Ombro superior do implante (seta horizontal branca); 3: O ponto de contacto osso-implante mais coronal (seta horizontal vermelha). *(Dent. J. 2014, 2, 106-117; doi:10.3390/dj2040106).* Reproduzido de uma fonte de acesso aberto.

contém fases cristalinas alfa e beta à temperatura ambiente), o processo de recozimento é utilizado apenas para manipular as fases de composição, o seu tamanho e distribuição. A resposta térmica do Ti e das ligas de Ti depende da composição .

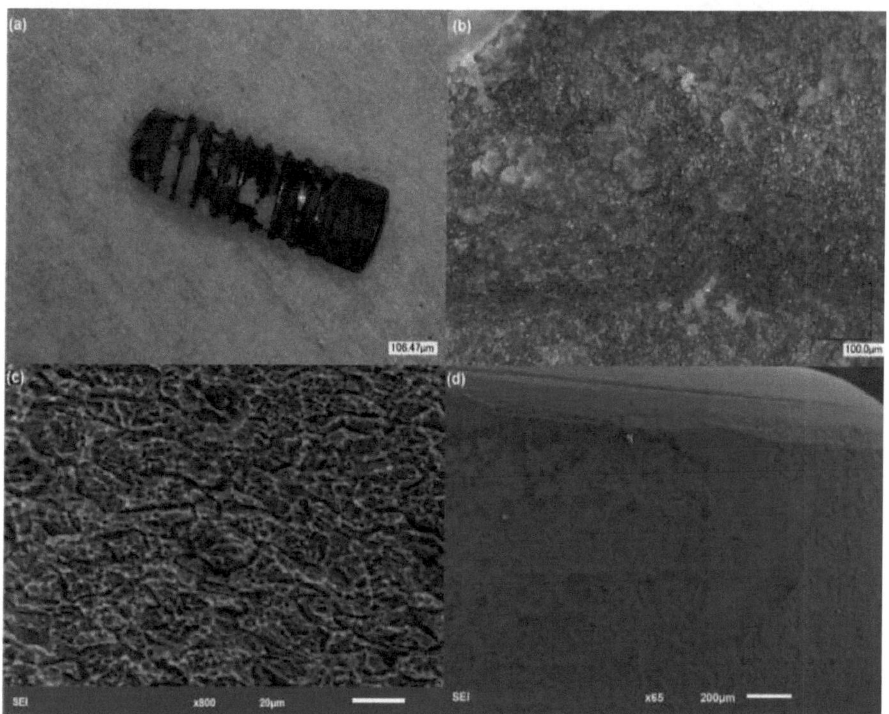

Figura 9. Micrografias estruturais do implante 2. (a) Baixa ampliação mostrando as caraterísticas grosseiras do implante; (b) a descoloração é notada em uma ampliação maior (a descoloração violeta e amarela indica o processo de oxidação do Ti); (c) interface rugosa do implante demonstrando rachaduras graves, que provavelmente levaram à exposição em massa; e (d) maior ampliação após a remoção das camadas metálicas superiores (setas) na região superior do implante. *(Materials 2013, 6, 5258-5274; doi: 10.3390/ma6115258).* Reproduzido de uma fonte de acesso aberto.

Atualmente, as aplicações do titânio e das ligas à base de titânio são numerosas; por exemplo, é amplamente utilizado em aplicações biomédicas (implantes, stents cardiovasculares, aplicações dentárias, instrumentos cirúrgicos, etc.), no domínio aeroespacial (as ligas beta são utilizadas em aeronaves militares e comerciais), na indústria automóvel (parafusos, barras de ligação), no desporto (bastões de esqui, patins de gelo), na arquitetura (paredes exteriores, ornamentos) ou em embarcações (sistemas de permuta de calor da água do mar).

Figura 10. Micrografias estruturais do implante 3. (a) Ampliação reduzida que mostra as caraterísticas grosseiras do implante e a fixação óssea na superfície da parte inferior; (b) a descoloração também é evidente neste exemplo; (c) ataque de pitting grave na interface superior do implante na região do pilar; e (d) ampliação superior de uma região do pilar com arranhões. *(Materials 2013, 6, 5258-5274; doi:10.3390/ma6115258).* Reproduzido de uma fonte de acesso aberto.

No domínio biomédico, o titânio e as ligas à base de titânio são frequentemente utilizados em aplicações relacionadas com os cuidados de saúde, graças às suas propriedades adequadas, como a biocompatibilidade, a boa resistência à corrosão, a força, etc.

A biocompatibilidade representa a capacidade de qualquer material ser compatível com o tecido ou sistema vivo (em termos de caraterísticas estruturais, morfológicas e funcionais) sem produzir rejeição imunológica, toxicidade ou outra resposta negativa (dor, inflamação, etc.).

Atualmente, o titânio puro e as ligas de titânio são considerados a escolha perfeita para a produção de dispositivos médicos, tais como implantes ou próteses, quando comparados com outros metais biocompatíveis.

A fim de produzir dispositivos adequados para a restauração ou substituição de tecido ósseo, o primeiro passo clínico consiste na avaliação correta das vantagens relacionadas com o titânio ou as ligas de titânio, em comparação com outros metais. Em primeiro lugar, as propriedades da superfície são um aspeto crítico necessário durante o fabrico de um dispositivo à base de Ti e representam a principal razão para a utilização de Ti e ligas de Ti em aplicações biomédicas.

As propriedades mecânicas do Ti e das ligas à base de Ti (como a elasticidade, a resistência ou a densidade) são aspectos muito importantes para o desenvolvimento de dispositivos biomédicos para aplicações no tecido ósseo, porque a estrutura natural restaurada ou substituída do corpo humano é tipicamente mais leve e flexível do que os materiais da família do titânio. Outra vantagem controversa dos materiais à base de titânio é representada pela sua capacidade de corrosão, quer extremamente lenta quer muito rápida.

Existem muitas razões pelas quais os dispositivos médicos fabricados em titânio devem ser expostos a métodos de tratamento de superfície específicos. Para além do processo de fabrico (que pode produzir deformação plástica, por exemplo), outra razão para o tratamento da superfície de materiais à base de titânio é o facto de as propriedades específicas da superfície serem um aspeto crítico para a melhoria da função principal do dispositivo (D.M. Brunette, 2001).

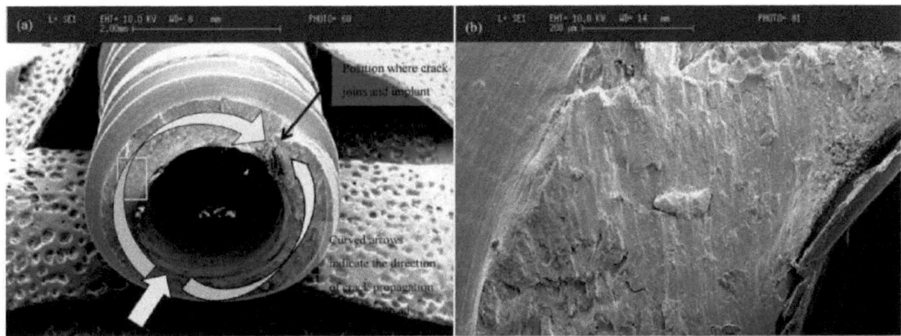

Figura 11. (a) Imagem SEM de baixa ampliação (25x) correspondente a um implante de titânio fracturado. Aqui, a fissura foi iniciada na extremidade inferior esquerda do implante (seta reta inferior) e estendeu-se à volta da rosca, quebrando finalmente quando as fissuras se sobrepuseram no lado superior direito; (b) imagem de maior ampliação (500x) da região retangular delineada da superfície fracturada na Figura 11a, mostrando a presença de estrias de fadiga num padrão vertical que marca a posição da fissura à medida que progride. *(Materials 2015, 8, 932-958; doi:10.3390/ma8030932).* Reproduzido de uma fonte de acesso aberto.

Outro aspeto importante atualmente relacionado com as aplicações do tecido ósseo é a conceção e o desenvolvimento de dispositivos específicos que possam induzir um processo de cicatrização controlado e rápido. Os eventos que indicam especificamente a integração do implante no osso e o seu desempenho subsequente ocorrem na interface tecido-implante. Para desenvolver a interface ideal para a interação tecido-implante, são avaliados muitos factores, incluindo a morfologia do material, a química e a topografia da superfície, mas também a carga mecânica, a técnica cirúrgica ou a qualidade do osso. Os implantes com uma composição e estrutura semelhantes às do tecido ósseo devem atingir as propriedades biomecânicas necessárias.

O primeiro evento que ocorre após o processo de implantação de um metal ou de um compósito contendo metal no corpo humano é representado pela adsorção específica de proteínas. Estas proteínas são fornecidas, em primeiro lugar, pelo local da ferida (sangue e fluidos dos tecidos) e, em segundo lugar, pela região periprotésica (atividade celular).

Para além do processo de adsorção de proteínas que ocorre na superfície do implante, ocorrem alterações intrínsecas significativas na superfície do material, como a oxidação.

Os implantes de titânio puro desenvolvem nativamente um óxido com uma espessura particular de 2-6 nm (dependendo do método de esterilização), enquanto as camadas de óxido formadas nos explantes à base de Ti são 2 ou mesmo 3 vezes mais espessas.

Uma consequência adicional relacionada com a interação implante-tecido é representada pela libertação de iões metálicos no tecido vivo. Vários estudos *in vitro* revelaram que mesmo uma dose sub-letais de iões metálicos pode interferir com a diferenciação fisiológica de osteoblastos e osteoclastos.

A resposta do hospedeiro ao dispositivo médico implantado contém uma sucessão particular de eventos celulares e matriciais na região específica onde o osso e o material têm um contacto íntimo. Para garantir este contacto perfeito, as junções estabelecidas entre o tecido ósseo e o implante devem ser preenchidas. Assim, para controlar a interface osso-implante, o implante deve possuir uma superfície condutora que induzirá ainda mais o processo de osseointegração (D.A. Puleo, 1999).

O aumento total do número de pessoas idosas e da população feminina é afetado por várias doenças relacionadas com os ossos. Por conseguinte, são necessários muitos dispositivos eficazes para resolver este problema alarmante atual. Foram efectuados muitos estudos na tentativa de encontrar os materiais adequados para vários dispositivos (tais como cadeiras de rodas, implantes ou próteses) e os resultados relatados revelaram que os materiais de titânio puro são demasiado caros. Para reduzir o custo, foram desenvolvidas pela primeira vez no Japão ligas à base de titânio (Ti-4.2Fe-6.9Cr - TFC e Ti-4.0Fe-6.7Cr-3.0Al - TFCA) para a produção de cadeiras de rodas (B. Gunawarmana, 2005).

O Ti e as ligas de Ti representam uma classe de materiais que é atualmente muito utilizada em dentisteria protética, implantologia dentária e ortopedia. A razão para esta abordagem atual deve-se ao facto de reunirem os principais requisitos dos materiais aloplásticos, tais como a camada de óxido nativa de titânio na superfície (normalmente TiO_2) e a maior relação resistência/peso (quando comparada com qualquer outro metal). A camada intrínseca de TiO_2 é muito aderente ao substrato à base de titânio, é impenetrável ao oxigénio e constitui uma proteção ativa do metal contra as impurezas. Nas aplicações dentárias, a resposta biológica do tecido após a terapia com implantes é geralmente controlada pelas caraterísticas da superfície do implante (como a química e a estrutura), dado que o processo de reconhecimento biológico ocorre na interface entre o implante e o tecido hospedeiro.

Para este tipo específico de implante, tal como para os implantes em geral, o processo de osseointegração pode ser controlado a nível celular através da modificação adequada da superfície do implante (Agnes Gydrgyeya, 2013).

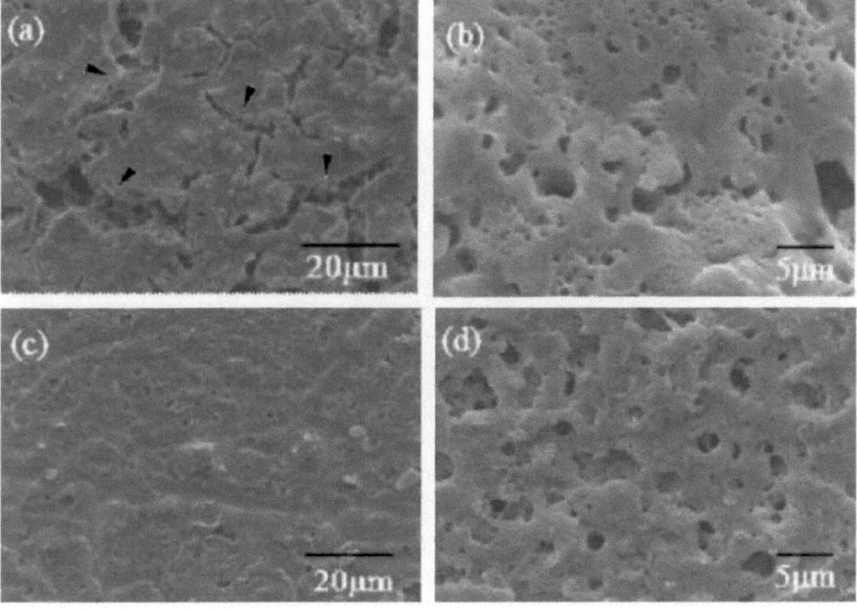

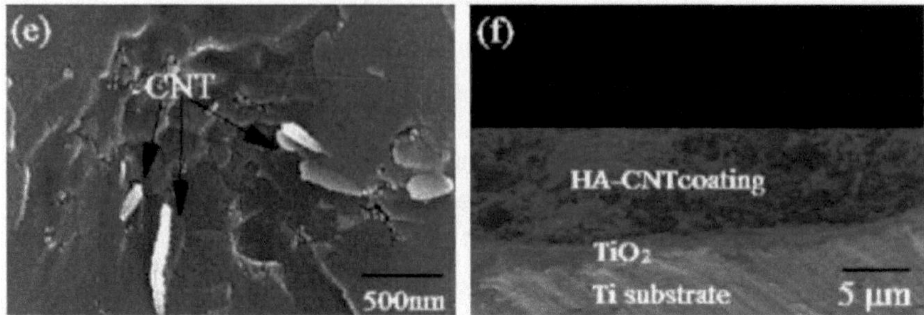

Figura 12. Imagens de MEV de dois sistemas de revestimento depositados no substrato de Ti: (a) revestimento de HA; (b) revestimento de HA em grande ampliação; (c) revestimento de dupla camada de HA-CNT/TiO_2; (d) HA-CNT/TiO_2 em grande ampliação; (e) micrografia de MEV de a superfície de fratura do revestimento de dupla camada de HA-CNT/TiO_2; (f) vista transversal do revestimento de dupla camada de HA-CNT/TiO_2. *(Int. J. Mol. Sci. 2012, 13, 52425253; doi:10.3390/ijms13045242).* Reproduzido de uma fonte de acesso aberto.

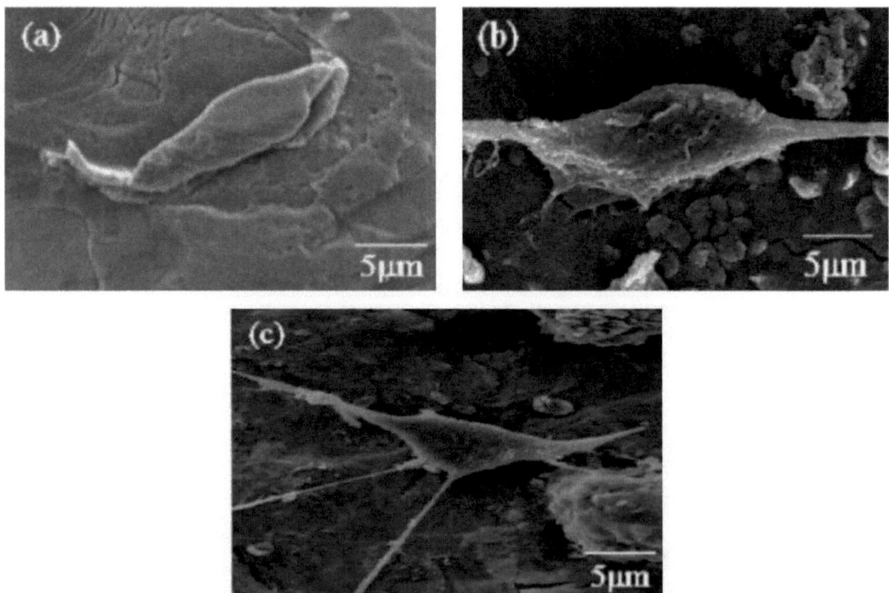

Figura 13. Imagens SEM de células pré-osteoblásticas MC3T3-E1 após 24 h de incubação na presença de várias amostras: (a) Ti nu; (b) revestimento de HA; e (c) revestimento de camada dupla HA-CNT/TiO_2. O TiO_2 foi experimentalmente submetido a um tratamento térmico a 450°C durante 1 h. *(Int. J. Mol. Sci. 2012, 13, 5242-5253; dor 10.3390/iims13045242Y* Reimpresso de uma fonte de acesso aberto.

Relativamente à classe das ligas à base de Ti, o candidato mais utilizado para aplicações biomédicas é o Ti-6Al-4V. Esta liga é utilizada em aplicações ortopédicas e dentárias graças às suas caraterísticas particulares, como o baixo custo, a elevada resistência específica e a elevada resistência à corrosão (Man Tik Choy, 2014). As aplicações mais comuns da liga Ti- 6Al-4V relacionadas com os cuidados de saúde incluem a substituição parcial ou total das articulações da anca, joelho, coluna vertebral, ombro, pulso ou cotovelo; dispositivos de fixação óssea; implantes dentários e peças para cirurgia ortodôntica; peças de alojamento para pacemakers, etc.

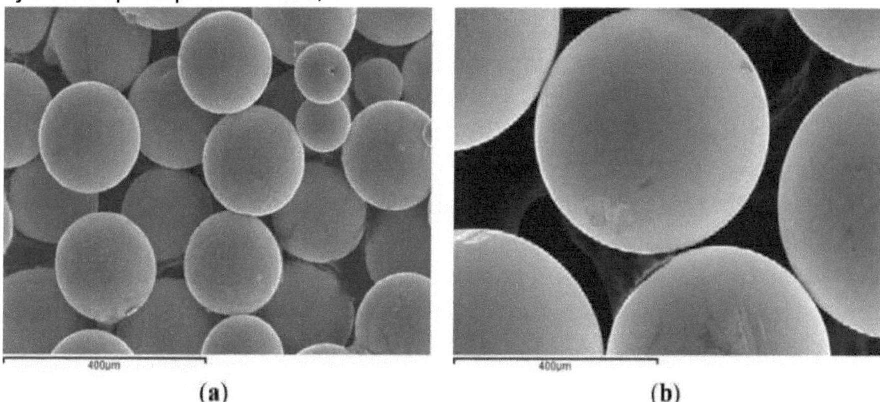

Figura 14. Morfologia do pó esférico de Ti-6Al-4V produzido pelo processo de eletrodo plasmarotante (PREP): (a) Partículas finas (250±180 μm); (b) Partículas grossas (600±425 μm). *(Materiais 2013, 6, 4868-4878; doi: 10.3390/ma6104868).* Reproduzido de uma fonte de acesso aberto.

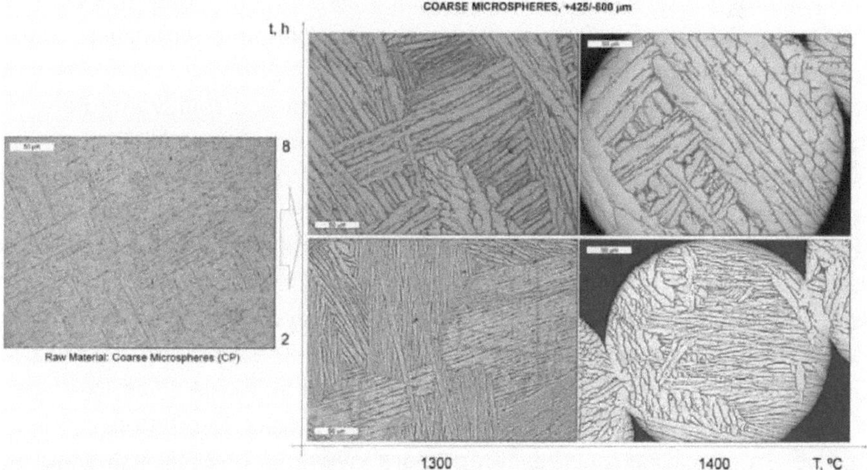

Figura 15. Microestrutura das microesferas de Ti-6Al-4V (CP) antes e após o

processo de sinterização. Gravura: reagente Kroll. *(Materials 2013, 6, 4868-4878; doi:10.3390/ma6104868)*. Reimpresso de uma fonte de acesso aberto.

As quantidades de Al e V libertadas por este tipo de liga à base de Ti são incriminadas por várias condições de saúde (por exemplo, a doença de Alzheimer), pelo que foram desenvolvidas ligas Ti-6Al-7Nb e Ti-5Al-2.5Fe isentas de vanádio, mas atualmente não estão em conformidade com as normas ASTM. As ligas acima referidas são semelhantes ao Ti-6Al-4V e podem ser utilizadas com êxito em numerosas aplicações biomédicas. Por exemplo, o Ti-6Al-7Nb tem sido utilizado em placas de fixação de fracturas, hastes de próteses femorais e componentes da coluna vertebral. O Ti-5Al-2.5V é bem conhecido pelas suas propriedades de tração melhoradas (quando comparado com o titânio puro comercial), que são 20-50% superiores às dos graus cpTi, pelo que foi utilizado com sucesso em tubos e pregos intramedulares.

O efeito de memória de forma sugere que o material em causa tem a capacidade de regressar às suas dimensões predefinidas após aquecimento, o que induz especificamente uma formação de deformação. Quando exposta a um tratamento térmico adequado, a liga com memória de forma em causa pode sofrer uma deformação reversível através de um processo de transformação de fase, também conhecido como pseudo-elasticidade (Qizhi Chen, 2015).

Atualmente, as ligas com memória de forma (SMA) são geralmente utilizadas em várias aplicações, como a indústria aeroespacial, automóvel, biomédica e de telecomunicações (Muhammad Umer Farooq, 2014).

Este efeito particular existe em vários sistemas de ligas, tais como Au-Cd, Cu-Zn, Ni-Ti, etc. O mais atrativo corresponde à liga Ni-Ti, que se caracteriza por um grande patamar de desempenho - como a super-elasticidade, boa trabalhabilidade, desempenho cíclico relativamente estável e boa resistência à fadiga e à corrosão. Geralmente, a liga Ni-Ti tem melhor resistência à corrosão do que as ligas à base de CoCrMo ou o aço inoxidável, mas é mais sensível do que o titânio puro. Atualmente, a maioria dos dispositivos com memória de forma para aplicações biomédicas são fabricados em Ni-Ti. A liga de Ni-Ti é também utilizada para implantes, mas dada a quantidade elevada de Ni na sua composição (que pode causar reacções imunológicas), a utilização da liga de Ni-Ti é restrita (Niinomi, 2003). Com o objetivo de desenvolver ligas biomédicas superelásticas livres de Ni, foi produzido e investigado um novo sistema de ligas Ti-Zr-Nb-Sn. A liga Ti-18Zr-Nb-Sn em causa foi considerada para investigar os efeitos dos teores de Nb e Sn no efeito de memória de forma, nas propriedades superelásticas e na estrutura cristalina. Entre as ligas Ti-18Zr-Nb-Sn fabricadas, os materiais com um teor variável de Sn (tais como 0,1,2,3 e 4%) exibiram uma excelente superelasticidade. A maior deformação de recuperação aumentou com a adição de Sn. Quando comparada com a liga Ti-50.5Ni, a liga Ti-18Zr-11-Nb-3Sn apresentou níveis semelhantes de citocompatibilidade, no caso de três linhas celulares diferentes: fibroblasto murino L929, célula endotelial da veia umbilical humana (HUVEC) e osteossarcoma humano SaOS-2 (Jie Fu, 2015).

Outro biomaterial à base de titânio relevante para a biomedicina atualmente estudado é a liga Ti-19Zr-10Nb-1Fe. Este material à base de titânio apresentou uma combinação notável de propriedades mecânicas, com um módulo de Young reduzido específico e um grande alongamento que são adequados para aplicações biomédicas.

A resistência à corrosão da liga à base de Ti acima mencionada foi avaliada em solução de Hank (também conhecida como HBSS, é geralmente definida como uma solução à base de sal combinada com elementos naturais do corpo, tais como extrato de tecido, soro corporal ou outras soluções nutritivas), em comparação com NiTi convencional. De acordo com os resultados relatados, esta liga apresentou uma taxa de corrosão mais baixa, uma taxa de libertação de iões reduzida em solução de NaCl, uma hemocompatibilidade melhorada e uma compatibilidade celular semelhante à da liga de NiTi. Esta liga de fase beta mostrou experimentalmente um bom potencial como um excelente candidato biocompatível para a substituição da liga NiTi SMA (Xue *et al.*, 2015).

Outro SMA utilizado para aplicações biomédicas é a liga Ti-Nb-Ta. Manifesta uma elevada biocompatibilidade, graças à ausência de elementos carcinogénicos ou tóxicos (como o Ni), e também proporciona uma elevada compatibilidade biomecânica quando aplicada aos tecidos duros (graças ao comportamento superelástico particular e ao baixo módulo de Young) (Y.S. Zhukova, 2014). A tendência atual na conceção de implantes de tecidos duros consiste em produzir biomateriais de elevado desempenho com um módulo de Young reduzido, a fim de evitar o efeito de proteção contra o stress que ocorre na interface osso-implante (Qizhi Chen, 2015). É sabido que a propagação da tensão entre um implante e o tecido ósseo adjacente não é homogénea quando os módulos de Young correspondentes ao implante e ao osso em causa são diferentes (Niinomi e Nakai, 2011). O efeito de blindagem de tensão está associado à fraqueza na interface estabelecida entre o tecido hospedeiro e o implante, com subsequente atrofia óssea e rejeição prematura do implante.

Recentemente, foram elaboradas várias ligas à base de Ti de tipo beta, utilizando elementos não tóxicos, como Zr, Nb, Mo ou Ta, com o objetivo de aumentar a segurança dos dispositivos biomédicos em causa. Como elemento de liga, o Nb é conhecido pela sua capacidade de induzir uma resistência adequada contra a corrosão em SBF (fluido corporal simulado) e uma biocompatibilidade admirável. Alguns estudos demonstraram que as ligas à base de Ti contendo Mo possuem uma boa citocompatibilidade e uma excelente resistência mecânica, como é o caso das ligas TiMo-Ta, Ti-Mo-Zr-Fe ou Ti-Mo fabricadas.

O desempenho biológico das ligas recentemente desenvolvidas no âmbito do sistema ternário Ti-Mo-Nb foi investigado *in vitro*, sendo o principal objetivo do estudo em questão a avaliação da biocompatibilidade a curto prazo quando comparada com o titânio puro comercial (cpTi). Para as ligas Ti-12Mo, Ti-4Mo-32Nb, Ti-6Mo-24Nb, Ti-8Mo-16Nb e Ti-10Mo-8Nb, a avaliação *in vitro* não revelou efeitos citotóxicos em células pré-osteoblásticas de ratinho, sendo os materiais investigados capazes de suportar a proliferação celular normal.

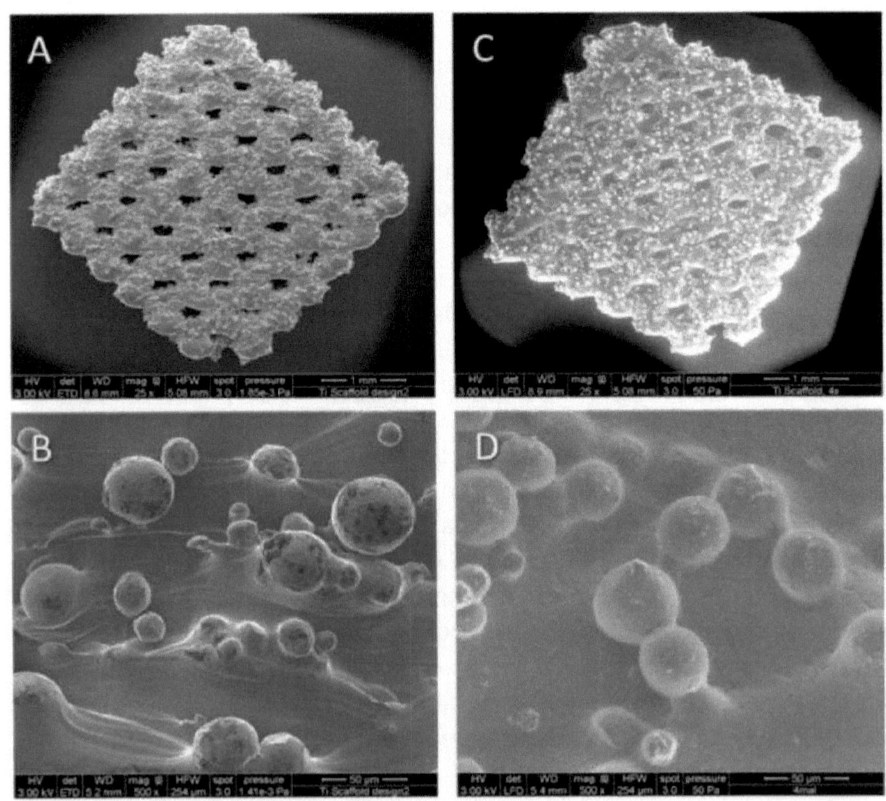

Figura 16. Micrografias representativas de Microscopia Eletrónica de

Varrimento Ambiental (ESEM) de andaimes de titânio poroso não revestidos (A, B) e revestidos com policaprolactona (PCL) (C, D) em vista geral e pormenorizada. *(Int. J. Mol. Sci. 2015, 16, 7478-7492; doi:10.3390/ijms1604 74 78)*. Reproduzido de uma fonte de acesso aberto.

Um aspeto significativo da resposta celular na presença do biomaterial avaliado é representado pela fase de adesão celular, dado que os implantes metálicos estão expostos a um encapsulamento fibroso devido a uma fraca ligação celular à sua superfície.

Este processo tem consequências importantes, como a rejeição e o fracasso do implante.

Os estudos *in vitro* efectuados para todas as cinco ligas à base de Ti acima mencionadas revelaram que a composição particular da liga Ti-Mo-Nb de fase beta recentemente desenvolvida promove uma elevada biocompatibilidade e não tem um impacto negativo na morfologia, adesão, taxa de proliferação e taxa de diferenciação das células pré-osteoblásticas, quando comparada com o biomaterial de referência - cpTi.

Graças a estes resultados promissores, estas ligas podem ser utilizadas com sucesso para o desenvolvimento de novos biomateriais para implantologia óssea (Patricia Neacsua, 2015).

Os biomateriais à base de Ti são a escolha ideal para a maioria dos cirurgiões, clínicos, projectistas de dispositivos médicos ou cientistas de materiais, porque possuem caraterísticas melhoradas (em termos de inércia biológica e compatibilidade) quando comparados com ligas à base de cobalto e aço inoxidável, sendo assim recomendados para aplicações ortopédicas, como implantes.

A super família de biomateriais à base de titânio tem pouca ou nenhuma reação com os tecidos circundantes e é o único sistema material que possui a capacidade de se ligar ao osso. Historicamente, foram propostos dois mecanismos essenciais para a ligação óssea dos implantes.

O primeiro mecanismo proposto refere-se à ligação química do implante ao osso natural.

A este respeito, Bellantone *et al.* (2002) demonstraram que a formação específica de HAp carbonatada na superfície de um implante é um passo crucial antes da ligação ao tecido ósseo.

Figura 17. Série de scaffolds de titânio com diferentes tamanhos de poros fabricados num lote de trabalho. *(Materials* ***2016,*** *9(3), 197; doi:10.3390/ma9030197* Reimpresso de uma fonte de acesso aberto.

Os autores propuseram várias ligações químicas fracas entre o osso e as cerâmicas biocompatíveis, incluindo ligações iónicas, de Van der Walls e de hidrogénio. O segundo mecanismo refere-se à ligação biológica, em que as fibras de colagénio constituintes são adaptadas à camada superficial do material bioativo. Geralmente, quando um dispositivo bioinerte (como os produzidos a partir de ligas à base de cobalto) é implantado no tecido ósseo, o corpo humano forma naturalmente uma cápsula fibrosa à volta do biomaterial em causa, em resultado da deteção imunológica como um corpo estranho.

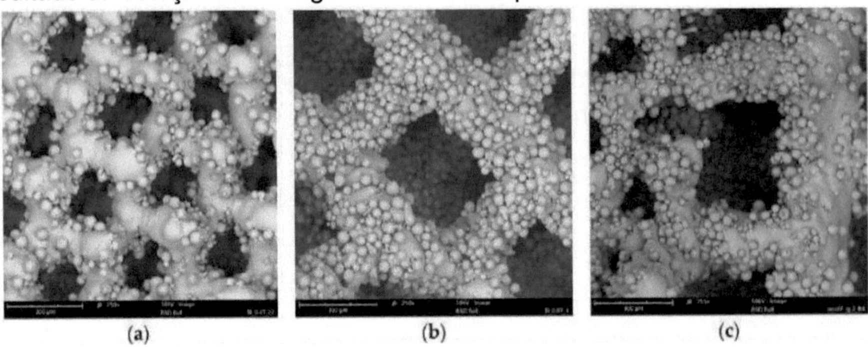

Figura 18. Scaffolds fabricados com poros de tamanho igual a: 200 μm **(a)**; 500 μm **(b)**; 200+500 μm **(c)** e imagens exemplares de scaffolds polidos em banhos de HF: 200 μm-3%/1 min (d); 500 μm-1%/3 min (e); 200 + 500 μm- 3%/6 min **(f)**. *(Materiais **2016**, 9(3), 197; doi:10.3390/ma9030197)*. Reproduzido de uma fonte de acesso aberto.

Mesmo que este seja um mecanismo de defesa perfeitamente natural, a formação específica do tecido conjuntivo à volta do implante pode promover a falha do implante, mas os implantes à base de Ti demonstraram uma integração íntima no tecido ósseo do hospedeiro (Qizhi Chen, 2015).

Atualmente, o Ti poroso e as ligas à base de Ti tornaram-se uma parte significativa da ciência dos biomateriais. Os materiais com porosidade adaptada são importantes em aplicações biomédicas para a adesão, diferenciação, crescimento e viabilidade das células e podem obter uma fixação a longo prazo graças ao crescimento completo do osso.

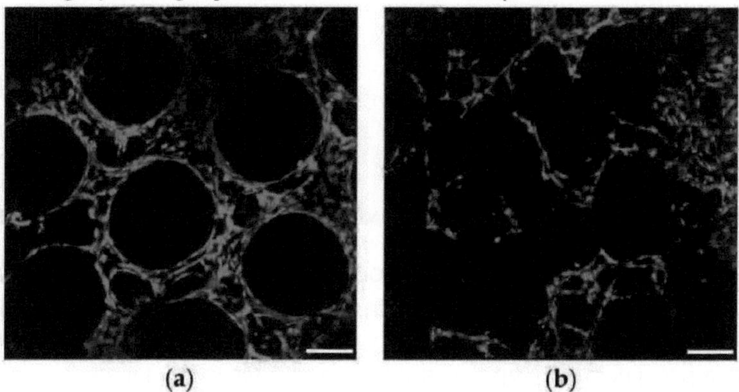

Figura 19. Imagens confocais de hMSCs marcadas com fluorescência cultivadas em andaimes de poros de 500 pm **(a)**; concha de 500 pm dos andaimes de poros bimodais **(b)**; núcleo de 200 pm dos andaimes de poros bimodais **(c)**; e andaimes de poros de 200 pm **(d)** durante 24 h. Barra de escala de 200 pm. *(Materiais **2016**, 9(3), 197; doi:10.3390/ma9030197).*

Reproduzido de uma fonte de acesso aberto.

As ligas porosas à base de titânio revelam uma boa mistura de resistência mecânica com baixo módulo de elasticidade e proporcionam uma melhor fixação biológica e biocompatibilidade, quando comparadas com outros materiais porosos.

Existem muitos métodos para o fabrico de ligas porosas à base de Ti, incluindo a sinterização de pó ou fibra de titânio solto, a fundição por cera perdida, etc.

A arquitetura específica e as propriedades mecânicas das ligas porosas à base de titânio podem ser controladas e adaptadas às necessidades do osso humano. Simultaneamente, a estrutura interligada dessas ligas proporciona o espaço necessário para a manutenção do crescimento de novo tecido ósseo e para um fornecimento estável de sangue. Outro aspeto importante relacionado com os biomateriais porosos é a sua porosidade específica interligada, que permite o crescimento de células no interior dos poros e a circulação de fluidos corporais no interior do suporte à base de Ti.

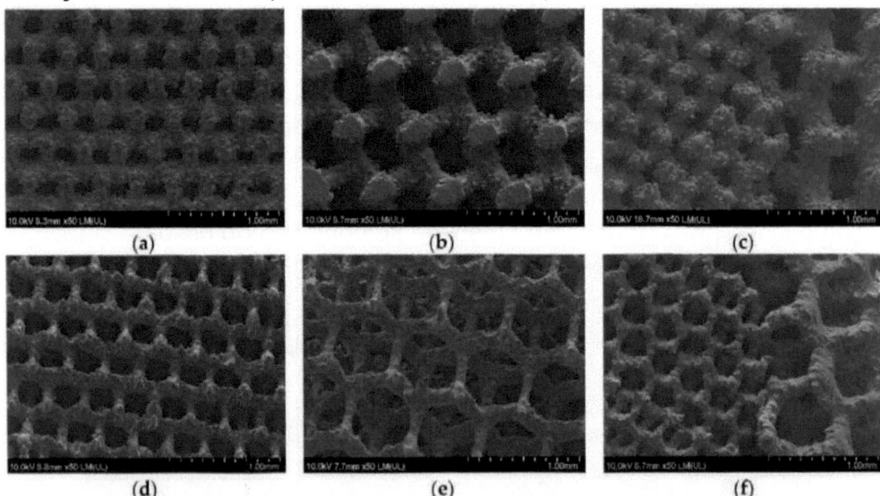

Figura 20. Scaffolds fabricados com poros projetados iguais a 200 μm **(a);** 500 μm (b); 200 + 500 pm (c); e micrografias exemplares de scaffolds polidos em soluções de HF/HNO_3 por 6 min: 200 μm-2,0% HF/20% HNO_3 (d); 500 μm-1,3% HF/9,0% HNO_3(e); 200 + 500 μm-2,2% HF/20% HNO_3 (f). *(Materiais 2016. 9(3}. 19 7: doi:10.3390/ma9030197Y* Reimpresso de uma fonte de acesso aberto.

Com o objetivo de obter um biomaterial poroso com elevada porosidade e resistência, foram desenvolvidos com êxito novos materiais porosos à base de titânio, que se espera que combinem essas propriedades com uma grande biocompatibilidade, de modo a cumprir os requisitos para o fabrico de implantes biomédicos.

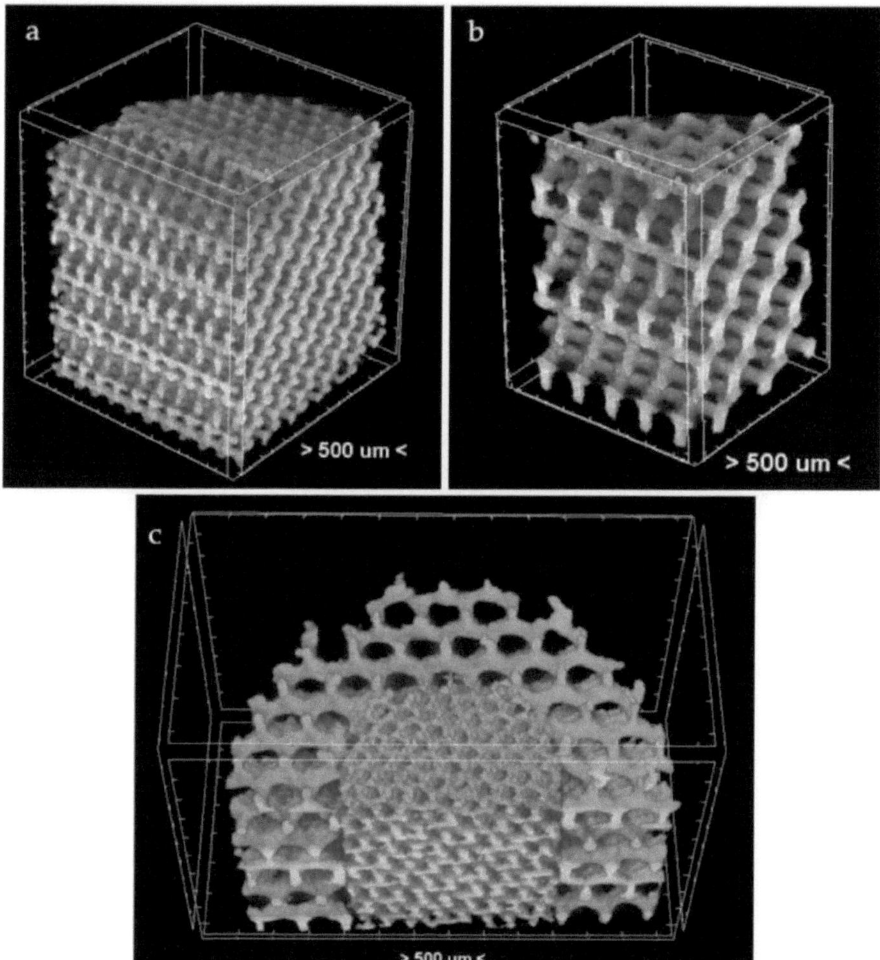

Figura 21. A reconstrução p-CT de um quarto de 200 pm **(a)**; 500 μm **(b)**; e uma metade de 200 + 500 μm (c) HF/HNO_3 scaffold polido. *(Materiais **2016,** 9(3), 197; doi:10.3390/ma9030197).* Reproduzido de uma fonte de acesso aberto.

Uma matriz porosa pode ser utilizada como implante se cumprir requisitos específicos, tais como uma elevada porosidade (> 50%) com um tamanho de macroporos na gama de 300 - 400 μm ou 200-500 μm (de modo a permitir a diferenciação e o crescimento celular, a fixação de osteoblastos e a vascularização).

Caso contrário, o novo tecido não pode formar um fornecimento de sangue eficaz); a estrutura porosa interligada é necessária porque proporciona o espaço necessário para o crescimento e a vascularização das células (Yuhua Li, 2014).

CAPÍTULO 3

3. Implantes de titânio com superfícies modificadas para uma rápida osseointegração

Muitos biomateriais metálicos têm sido utilizados em tratamentos cirúrgicos, especialmente em ortopedia e medicina dentária, mas também em cardiologia ou noutras áreas médicas, há mais de 50 anos (por exemplo, o Ti e as ligas à base de Ti são frequentemente utilizados na produção de revestimentos protectores para dispositivos como pacemakers, coração artificial ou válvulas cardíacas protésicas).

Uma das ligas de Ti mais utilizadas em cardiologia, nomeadamente no fabrico de stents, é a liga de Níquel-Titânio, graças às suas propriedades prolíficas; é geralmente revestida com uma película à base de carbono, a fim de melhorar a compatibilidade com o sangue (Kulkarni *et al.*, 2014). Em medicina dentária, os primeiros biomateriais fabricados com o objetivo de substituir um dente em falta ou partes da mandíbula em falta datam do século XV, na era pré-colombiana. Estes materiais continham ouro, prata, alumínio ou platina, mas provocavam várias reacções imunológicas, como a resposta inflamatória ou a formação de tecido fibroso. Estas são as principais razões pelas quais a maioria dos materiais de base metálica já não é utilizada em aplicações dentárias (von Wilmowsky *et al.*, 2014). Um fator-chave nos estudos de implantologia é a criação de dispositivos que incentivem um processo de cicatrização rápido e guiado. Para atingir este objetivo, os implantes ósseos devem induzir a formação específica de matriz óssea com propriedades biomecânicas adequadas. Ao considerar os objectivos de um aspeto tão importante, a superfície do implante desempenha um papel fundamental (D.A. Puleo, 1999).

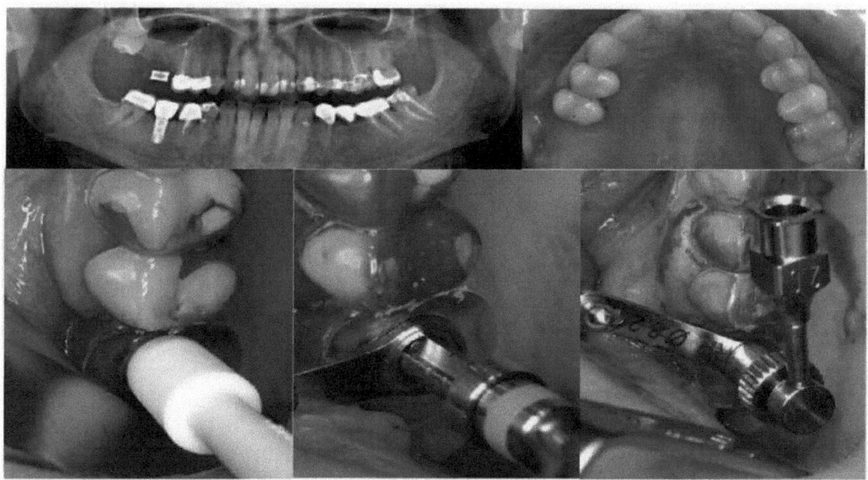

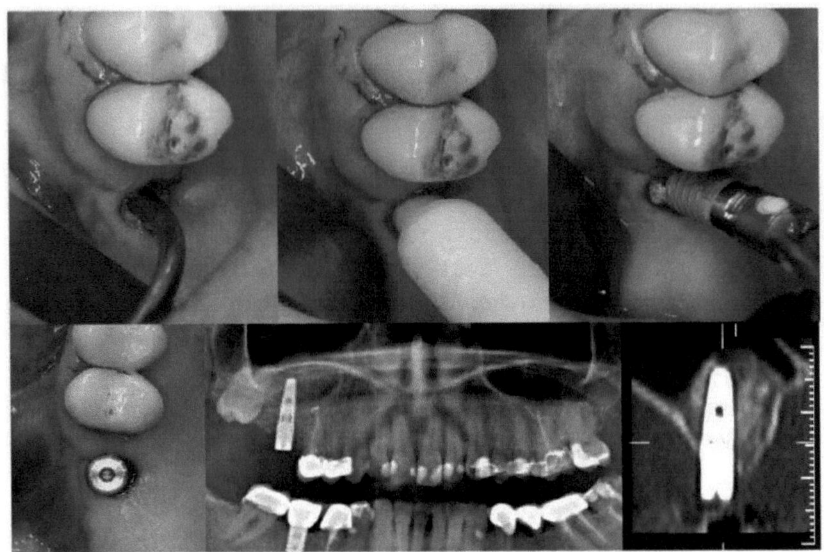

Figura 22. GPT e colocação de implante na região do primeiro molar superior direito de uma mulher de 43 anos. *(Materials **2015,** 8(6), 3210-3220; doi: 10.3390/ma8063210).* Reimpresso de uma fonte de acesso aberto.

O processo de osseointegração é um fator crucial na engenharia do tecido ósseo e refere-se a uma etapa de cicatrização primária, em que as extremidades da secção são unidas por osso sem a formação de tecido mole intermédio (tecido fibroso ou tecido fibro-cartilagíneo) (Wilmowsky *et al.*, 2013).

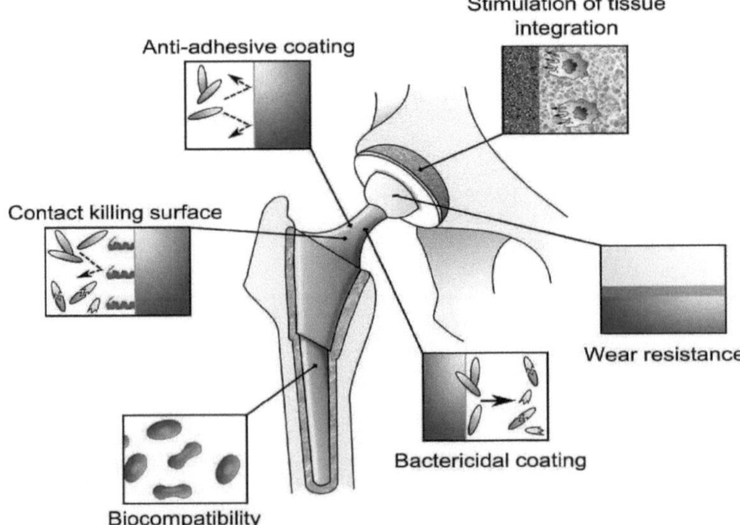

Figura 23. Ideias de superfícies multifuncionais em artroplastia total da anca

concebidas para responderem simultaneamente ou sucessivamente a várias tarefas biológicas e mecânicas. A resposta depende das capacidades específicas dos revestimentos adquiridas durante o processo de fabrico. *(Int. J. Mol. Sci.* ***2014,*** *15(8), 13849-13880; doi:10.3390/ijms150813849}*. Reproduzido de uma fonte de acesso aberto.

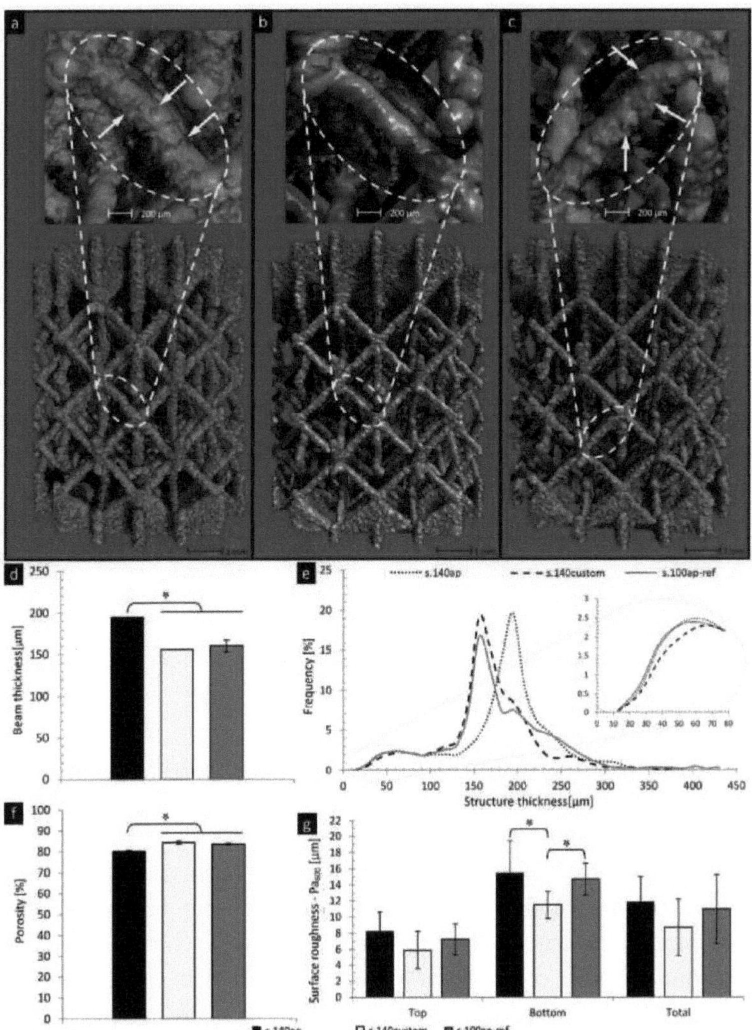

Figura 24. Visualização 3D baseada em Micro-CT das estruturas SLM-Ti6Al4V: **(a)** como produzidas (s.140ap); **(b)** personalizadas com base no resultado do projeto de experiências (DoE) (s.140custom); e **(c)** material de referência (s.100ap-ref), mostrando as alterações da rugosidade da superfície

e da espessura do feixe após o tratamento da superfície. Análise quantitativa baseada em Micro-CT da **(d)** espessura do feixe; **(e)** distribuição da espessura da estrutura; **(f)** porosidade total; e **(g)** rugosidade da superfície antes e depois do tratamento de superfície em comparação com o material de referência. *(Materials* ***2013,*** *6(10), 4737-4757; doi:10.3390/ma6104737)*. Reproduzido de uma fonte de acesso aberto.

Atualmente, um dos principais inconvenientes na cirurgia ortopédica é a falha do implante que está frequentemente associada a uma osseointegração incompleta (como consequência de propriedades mecânicas significativamente diferentes entre o implante e o tecido ósseo adjacente).

O titânio e as ligas de titânio são utilizados na ortopedia e na medicina dentária graças às suas excelentes caraterísticas, tais como: biocompatibilidade, propriedades mecânicas, capacidade de trabalho e resistência à corrosão.

É certo que se pode obter um melhor desempenho quando se aplicam diferentes tratamentos de superfície, porque os factores cruciais que podem permitir um processo de osseointegração rápido e estável são as caraterísticas da superfície do implante (Salou *etal.,* 2015, Bigi *etal.,* 2007).

Considerando que a superfície do implante é a primeira parte de um dispositivo biomédico implantável que interage com as estruturas do corpo humano, a modificação da superfície tornou-se uma estratégia vital e obrigatória para a melhoria das caraterísticas osteocondutoras e biocompatíveis do implante (Surmenev, 2012).

Existem muitos parâmetros de superfície que afectam a resposta do hospedeiro na presença de uma estrutura implantável, incluindo a rugosidade, a molhabilidade, a carga eléctrica, a composição química, a mobilidade ou a cristalinidade.

Em muitas situações, os átomos localizados na superfície de um implante são extremamente instáveis, mas controlam a maioria das reacções biológicas na interface tecido-implante.

Um aspeto fundamental da fixação biomecânica e da osteointegração de implantes de tecidos duros é a rugosidade da superfície. Foram desenvolvidas muitas técnicas de modificação da superfície (como o subsequente condicionamento ácido, o jato de areia, etc.) para alterar experimentalmente a topografia da superfície e outras caraterísticas microestruturais, que foram referidas como aspectos cruciais a nível micrónico durante o processo de osteointegração.

Esta observação também indica que os implantes de tecidos duros baseados em biomateriais metálicos, especialmente o titânio ou as suas ligas, não eram completamente bio-inertes, mas que o condicionamento adequado da superfície também podia incentivar a atividade celular, a adsorção de proteínas ou a resposta dos tecidos.

A técnica de jato de areia é normalmente definida como a utilização de partículas abrasivas (como cerâmicas duras) contra outros materiais contaminantes superficiais em termos de níveis de pressão elevados, de modo a tornar a superfície rugosa ou a eliminar contaminantes superficiais. Ao utilizar esta técnica, um contacto dinâmico entre a superfície do implante e as partículas abrasivas aumenta a reatividade da superfície do metal e conduz a valores de rugosidade mais elevados.

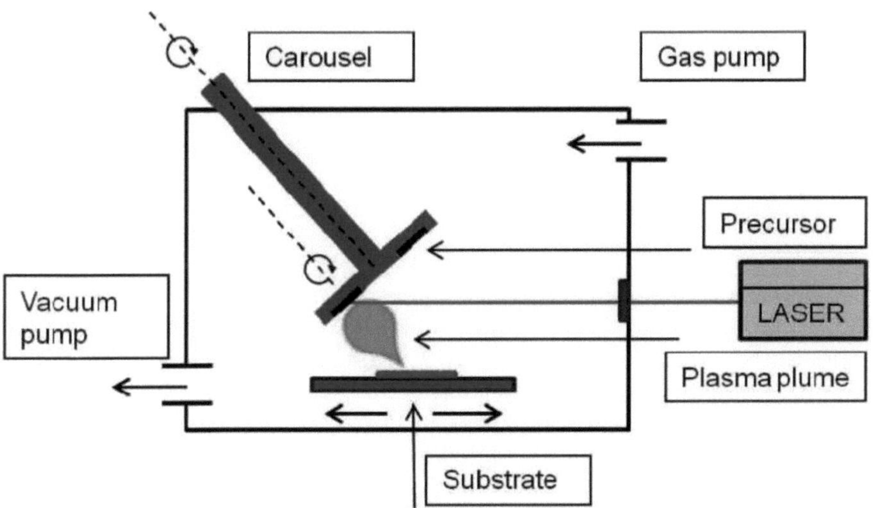

Figura 25. Representação esquemática do sistema de revestimento por deposição de laser pulsado (PLD). *(Coatings **2012,** 2(3), 95-119; doi:10.3390/coatings2030095).* Reproduzido de uma fonte de acesso livre.

As técnicas de condicionamento ácido efectuadas na superfície de ligas à base de titânio não tratadas têm sido relatadas como favorecendo a formação de micropoços de diferentes dimensões (entre 0,499 - 2 pm).

As micropoços desenvolvidos pela utilização de ácidos fortes (como H_2SO_4, HCl ou HF) revelaram-se favoráveis à adesão celular e à osteointegração.

Geralmente, os tratamentos com ácidos são utilizados após um processo de decapagem, a fim de eliminar a região da superfície decapada e refinar as caraterísticas de rugosidade. (Bauer *et al.,* 2013).

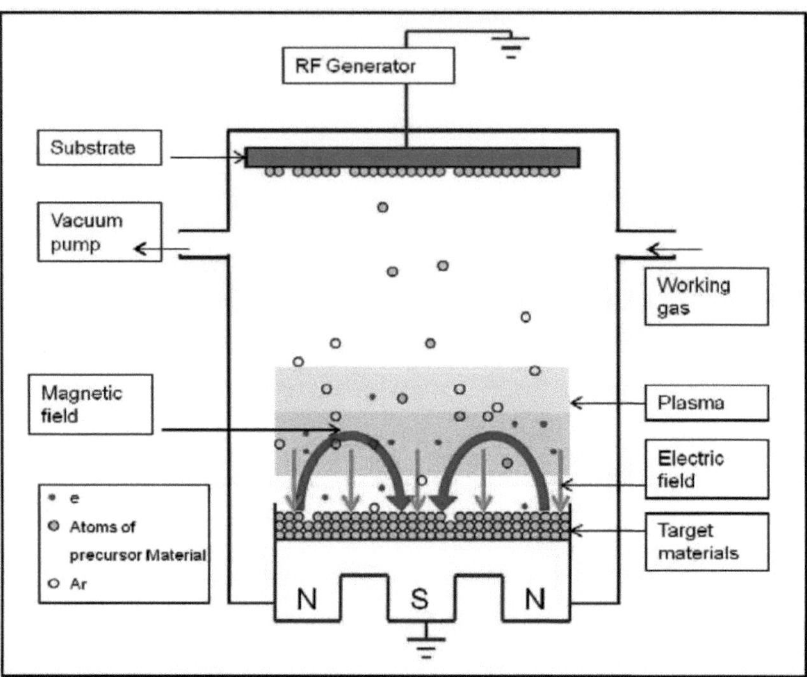

Figura 26. Representação esquemática da pulverização catódica por magnetrão RF. *(Coatings **2012,** 2(3), 95-119; doi:10.3390/coatings2030095* Reimpresso de uma fonte de acesso livre.

Atualmente, foram desenvolvidas várias técnicas assistidas por plasma para obter revestimentos à base de CaP (mais frequentemente, HAp) com os requisitos ideais para a indução da osteointegração, incluindo pulverização ou suspensão de plasma em pó e líquido, deposição de laser pulsado (PLD), pulverização magnetrónica por corrente contínua (DCMS), pulverização magnetrónica por radiofrequência (RFMS) ou uma combinação de diferentes técnicas (Surmenev, 2012).

A técnica de pulverização por plasma é uma nova versão da pulverização térmica, utilizada para produzir revestimentos protectores através da utilização de um jato de plasma a alta temperatura que direciona as partículas do material alvo para a superfície do implante metálico, onde se condensam e se fundem. Geralmente, as deposições realizadas através desta técnica podem ser produzidas utilizando vários materiais como alvos activos, e a espessura do revestimento varia entre micrómetros e vários milímetros. Nas aplicações biomédicas, os materiais bioinertes, geralmente cerâmicos (como a zircónia, a alumina ou a titânia), são utilizados principalmente para modificar as propriedades físico-químicas da superfície das ligas à base de titânio. Embora a alumina e a zircónia possuam maior resistência ao desgaste do que a titânia, não podem ligar-se diretamente ao tecido duro, devido à sua caraterística bioinerte; por conseguinte, este comportamento é significativamente limitando a sua utilização em aplicações médicas relacionadas com o osso (Liu *et al.*, 2004).

Em 2008, Chen *et al.* prepararam revestimentos à base de HAp contendo prata em substrato de Ti utilizando o método de pulverização por plasma a vácuo (VPS) e examinaram as propriedades antibacterianas destes revestimentos utilizando três estirpes bacterianas diferentes: *Pseudomonas aeruginosa, Staphylococcus aureus* e *Escherichia coli.* A seleção dos agentes patogénicos bacterianos acima mencionados incluiu a sua etiopatogenia em várias condições de cuidados de saúde relacionadas com infecções, especialmente o facto de *a E. coli ser* responsável por mais de 80% das infecções potencialmente fatais (Chen *et al.*, 2008).

A prata e iões de prata são bem conhecidos pelas suas propriedades nativas atractivas, tais como as caraterísticas anti-infeção, anti-microbianas e anti-contaminação. Existem vários métodos para produzir estruturas à base de Ag em materiais de revestimento, incluindo o método sol-gel, a troca iónica ou a implantação iónica (Bellantone *et al.*, 2002).

Os revestimentos à base de Hap contendo prata mostraram experimentalmente efeitos antibacterianos significativos (mais de 95%), graças à libertação de iões Ag contra os agentes patogénicos *Pseudomonas aeruginosa, Staphylococcus aureus* e *Escherichia coli.* Relativamente à avaliação da citotoxicidade, o grupo de investigação realizou ensaios *in vitro* com a linha celular de fibroblastos L929, e os dados experimentais não revelaram efeitos citotóxicos para os revestimentos com Ag obtidos (Chen *et al.*, 2008).

C. Larsson Wexell *et al.* examinaram a resposta óssea na presença de implantes de Ti modificados experimentalmente, através da realização de ajustes de superfície (electropolimento, maquinagem, maquinagem combinada e electropolimento foram utilizados em vários óxidos produzidos na superfície do implante por oxidação anódica). O processo de formação óssea foi avaliado em diferentes períodos de tempo, nomeadamente 1, 3, 6, 7, 12 e 52 semanas; os resultados relatados indicaram que a estratégia de modificação aplicada à superfície do implante pode afetar a regeneração óssea à volta do implante (Larsson *et al.*, 1996).

O mesmo grupo de investigação investigou, em 2013, a resposta biológica do osso cortical em torno de implantes de Ti em 3 períodos de tempo diferentes, respetivamente 1, 3 e 6 semanas após a implantação. Os implantes de titânio avaliados possuíam modificações relevantes tanto nos aspectos estruturais como na composição da superfície, devido a um tratamento com peróxido de hidrogénio e a uma técnica de plasma de descarga luminescente. Em primeiro lugar, os implantes foram electropolidos superficialmente até a microestrutura e a morfologia dos óxidos superficiais apresentarem a mesma microestrutura do metal subjacente sobre o qual o óxido cresceu. O processo de polimento mecânico das superfícies envolve uma deformação plástica que permite a formação de uma camada de óxido amorfo que pode crescer durante vários microns. Um dos tratamentos mais comuns utilizados para remover esta camada amorfa é o método de electropolimento. Após este processo, as superfícies resultantes têm uma terminação policristalina que permitiu a visualização da estrutura de grãos dentro do biomaterial investigado (Larsson Wexell *et al.,* 2013).

O tratamento por descarga luminescente, também conhecido como tratamento por plasma frio, é utilizado para limpar, esterilizar ou modificar a superfície de biomateriais, graças à ação específica de uma descarga eléctrica de baixa pressão na superfície do implante. Existem dois tipos de tratamentos deste tipo: o método de deposição de plasma (utilizado para depositar o material de revestimento a partir de um alvo sólido separado) e a modificação da superfície por plasma (esta técnica envolve a exposição da superfície a uma descarga incandescente, a fim de induzir uma modificação específica da superfície) (Alla *et al.,* 2011). Sobre a superfície metálica "limpa" assim obtida, podem ser produzidas experimentalmente novas camadas de revestimento em condições controladas, utilizando a câmara de vácuo do equipamento de plasma, mas também é possível efetuar a caraterização in situ do revestimento superficial desenvolvido. Atualmente, existem vários métodos que têm sido utilizados com sucesso para desenvolver óxidos de superfície em metais de uma forma bem controlada e ajustável, tais como a técnica de plasma de descarga luminescente, a deposição física de vapor e a oxidação térmica (Larsson Wexell *et al.,* 2013).

Outro tratamento de modificação de superfície utilizado por Larsson Wexell *et al. baseia-se* nas interações estabelecidas entre o titânio e o peróxido de hidrogénio (um composto reativo produzido em condições inflamatórias). O peróxido de hidrogénio, com a fórmula química H2O2, é frequentemente utilizado na produção de soluções de limpeza, graças à sua ação específica como forte oxidante. Após vários ensaios realizados com estes implantes, o grupo de investigação concluiu que cerca de 80% da secção dos fios situada no córtex original estava preenchida com tecido ósseo ao fim de 6 semanas. Para além disso, não foram observadas diferenças qualitativas entre os biomateriais investigados. A superfície do implante foi uniformemente coberta por uma camada nativa de tecido ósseo (Wexell *et al.*, 2013).

Anitua *et al.* provaram durante as suas experiências a importância das superfícies dos materiais que são utilizados em aplicações médicas. No seu estudo, a superfície de titânio foi modificada com iões Ca (Ca^{2+}) e a resposta *in vivo* e *in vitro* foi investigada. Este tipo de superfície foi avaliada como super-hidrofílica e promotora da adsorção de plaquetas. A ativação da adsorção específica de plaquetas ocorreu quando a superfície foi exposta ao plasma sanguíneo. Os ensaios *in vivo* foram realizados utilizando um protótipo de lacuna peri-implantar em modelo de coelho e os resultados relatados mostraram que a presença de Ca^{2+}na superfície à base de Ti melhorou a densidade e o volume ósseo peri-implantar em diferentes períodos de tempo, em comparação com os controlos não modificados (2 e 8 semanas). Estes resultados sugerem que os implantes de Ti com superfícies de Ca^{2+} actuam como um estimulador eficiente para a osteointegração do implante (Anitua *et al.*, 2015).

Outro biomaterial cerâmico comum utilizado para desenvolver revestimentos biocompatíveis para a superfície de Ti ou ligas de Ti é a hidroxiapatite ($Ca_{1}o(P0_{4})6(OH)_{2)}$ [HAp], que é o mineral mais abundante nos ossos humanos fisiológicos. Para simular a HAp natural, são normalmente utilizadas nanopartículas sintéticas de fosfatos de cálcio inorgânicos para produzir revestimentos protectores e miméticos na superfície de implantes que visam substituir e reparar imperfeições ou defeitos nos ossos humanos. Wijesinghe *et al.* utilizaram um tensioativo não iónico para produzir experimentalmente nanobastões de HAp com estrutura coloidal e distribuição controlada do tamanho das partículas. As nanoestruturas inorgânicas desenvolvidas foram posteriormente depositadas numa superfície de Ti, de modo a imitar as caraterísticas do tecido duro natural. Foi formada uma película fina de TiO_2 sobre a superfície do implante de Ti nu, que actuou como aglutinante das nanopartículas de HAp.

Os resultados obtidos mostraram que esses implantes possuíam uma baixa taxa de corrosão no Fluido Corporal Simulado (SBF) quando o metal foi exposto a um tratamento térmico (700°C/1 h) para desenvolver a camada de TiO_2. Além disso, observou-se que os revestimentos à base de HAp têm uma boa bioatividade em SBF e que o material produzido tem efeitos não tóxicos contra células semelhantes a osteoblastos (Wijesinghe *et al.*, 2016).

A hidroxiapatite foi também utilizada como material de revestimento para implantes Ti-6Al-4V por Benea *et al.*, em 2014. A fim de melhorar a força de ligação entre o revestimento de HAp e o substrato metálico, foram obtidas películas homogéneas de óxido de titânio com nanoporos através do processo de oxidação anódica. A espessura das camadas variou entre 380 nm e 615 nm. O revestimento de HAp foi formado sobre o substrato metálico por deposição eletroquímica. A película nanoporosa de TiO_2 revelou-se um suporte ideal para a eletrodeposição de HAp. Os materiais foram tratados electroquimicamente (corpo humano). De acordo com os dados apresentados, os revestimentos de Zn-HAp depositados através de um processo eletroquímico aumentaram a taxa de osteointegração do implante e melhoraram a proliferação e diferenciação dos osteoblastos. Para melhorar a estabilidade térmica e as propriedades biológicas da HAp, é utilizado flúor (dado que actua como um excelente agente de nucleação da apatite). Investigações recentes demonstraram que a hidroxiapatite fluorada - FHAp pode ser utilizada como uma alternativa à HAp em aplicações ortopédicas. Huang *et al.* desenvolveram experimentalmente revestimentos nanoestruturados de ZnFHAp sobre a superfície de implantes de cpTi, utilizando um método de eletrodeposição. A co-dopagem de Zn e F em HAp reduziu consideravelmente a porosidade, enquanto a taxa de corrosão foi melhorada e a proliferação celular e a biocompatibilidade registaram valores mais elevados (em comparação com o cpTi) (Huang *et al.*, 2016).

Ultimamente, têm sido realizados muitos estudos sobre a estrutura e as propriedades mecânicas do Ti poroso, tendo em conta o facto de que a redução dos módulos elásticos favorece a prevenção dos efeitos de proteção contra as tensões. Estes materiais são adequados para o crescimento de novo tecido ósseo que melhora a fixação do implante. Existem muitas técnicas que podem ser utilizadas para o fabrico de titânio poroso, tais como: processos baseados na expansão de bolhas pressurizadas, sinterização de pó, prensagem isostática a quente de alta pressão (HIP) ou técnica de replicação de espuma polimérica. Huang *et al.* utilizaram um implante poroso de Ti-6Al-4V com um tamanho médio de poro de 514 ±35 pm para depositar um revestimento de HAp na superfície exterior, utilizando a técnica de pulverização por plasma. Foram efectuadas diferentes avaliações aos 2 e 4 meses pós-implantação. Foram efectuadas medições histomorfométricas e os dados comunicados concluíram que a fração de osso mineralizado do material Ti-6Al-4V revestido era superior à do material não revestido. Além disso, o implante revestido apresentou um excelente desempenho de osteogénese e um número significativo de células de osteoblastos foi distribuído linearmente. Os ensaios *in vivo* foram realizados utilizando um modelo de ovelha; não foram observados sinais de inflamação ou outras reacções inflamatórias nas amostras colhidas. Quatro meses após a implantação, o volume do tecido ósseo recém-formado aumentou significativamente na presença do material revestido e quase metade dos poros foram preenchidos com osso novo (Dunand, 2004, Wojciech *et al.*, 2016, Huang *etal.*, 2015).

Em medicina dentária, apesar das estratégias diversificadas utilizadas para prevenir a infeção bacteriana e as subsequentes complicações relacionadas com o biofilme, continua a verificar-se um fenómeno alarmante de contaminação dos implantes dentários.

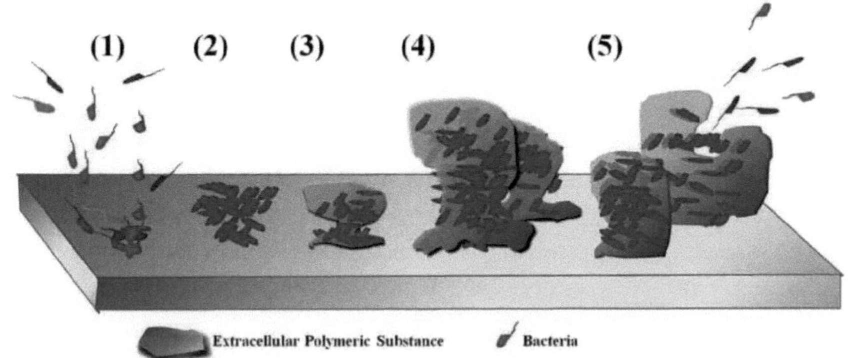

Figura 27. Visão geral do desenvolvimento de biofilmes bacterianos. **(1)** adsorção reversível de bactérias; (2) fixação irreversível de bactérias; (3) produção de substância polimérica extracelular e crescimento do biofilme; **(4)** maturação; **(5)** dispersão. Após a dispersão do biofilme, as bactérias deslocam-se para outros órgãos, tecidos ou superfícies e forma-se um novo biofilme através das fases **(1) - (5)**. *(Int. J. Mol. Sci.* ***2011,*** *12(9), 5971-5992; doi:10.3390/ijms12095971).* Reproduzido de uma fonte de acesso aberto.

É bem conhecido o facto de que, após o contacto irreversível, as estirpes bacterianas aderem e desenvolvem um biofilme na superfície normal de um implante. Em tais situações, os implantes podem ser impregnados ou revestidos com diferentes agentes antimicrobianos, mas existe atualmente um fenómeno alarmante de elevada resistência aos agentes antimicrobianos, devido à estrutura complexa da comunidade microbiana. As principais bactérias associadas às condições de saúde oral incluem o *Fusobacterium spp., Porphyromonas gingivalis* e *Treponema denticola.* A fim de prevenir ou combater estas possíveis complicações, as nanopartículas metálicas são utilizadas como revestimentos para implantes dentários, dados os seus efeitos bactericidas nativos contra muitas espécies microbianas. As nanopartículas de óxido de zinco (nZnO) foram recentemente investigadas graças à sua atividade antimicrobiana, que é uma caraterística sintonizável de acordo com o tamanho da partícula, a área de superfície, a morfologia e outras caraterísticas. Abdulkareem *et al.* investigaram, em 2015, a atividade antimicrobiana do nZnO, da HAp à escala nanométrica e do seu compósito, de modo a provar que estes materiais de revestimento previnem infecções e reduzem o risco de fracasso dos implantes. A atividade antimicrobiana destes revestimentos ainda está a ser investigada porque a atividade pode não persistir em pleno potencial durante 96 horas. De qualquer modo, muitos estudos provaram que os revestimentos à base de nZnO são capazes de estimular as actividades dos osteoblastos, como a diferenciação e a proliferação (Abdulkareem *et al.*, 2015).

O titânio e as ligas de titânio são amplamente utilizados em todo o mundo para implantes dentários. Um implante ortodôntico serve de âncora para um dente artificial com uma coroa fixa e é utilizado em cerca de 300 000 pacientes por ano. Um papel importante neste domínio é representado pelo flúor, que tem a capacidade de manter e desenvolver a estrutura natural do osso. É capaz de promover a atividade celular (especialmente dos osteoblastos) ou de aumentar a atividade da fosfatase alcalina. Adicionalmente, os fluoretos revelaram propriedades antibacterianas significativas; assim, o fluoreto de sódio tem sido utilizado nas últimas 3 décadas como agente inibidor de estreptococos, com o objetivo de prevenir as cáries dentárias. Liu *et al.* demonstraram em 2011 que a presença de fluoreto na superfície do implante de Ti estimula o aumento da propagação, adesão, diferenciação e proliferação de células osteoblásticas MG-63 e exibe uma atividade relevante contra a bactéria patogénica oral mais importante - *Porphyromonas gingivalis.* Com base nos resultados promissores de citocompatibilidade e na osseointegração precoce do implante de Ti com superfície modificada com flúor, comprovados por Wang *et al.*, são necessários mais estudos para descobrir todo o potencial destes biomateriais (Wang *et al.*, 2015b, Liu *et al.*, 2011, Ramis *et al.*, 2012).

A substituição total da articulação é um tratamento importante para substituir as articulações deformadas ou drasticamente lesionadas, de modo a melhorar a qualidade de vida do doente. A diminuição da densidade óssea pode também produzir uma diminuição da capacidade de suporte de um implante, especialmente em doentes com osteoporose (uma doença crónica caracterizada pela deterioração micro-arquitetónica do esqueleto humano). A fixação mecânica de implantes revestidos com HAp em doentes idosos com ossos osteoporóticos é instável e tem um desempenho a curto prazo (quando comparada com a de doentes mais jovens), apesar de os revestimentos de HAp melhorarem a formação óssea à volta dos implantes metálicos.

Recentemente, foram realizados muitos estudos de investigação para modificar experimentalmente a superfície de implantes de Ti utilizando a incorporação de vários iões que incentivam um processo de cicatrização mais rápido, como Zn, Mg ou Sr (Tao *et al.*, 2016).

O magnésio (Mg) é um cofator em mais de 300 reacções enzimáticas do corpo humano e é o segundo catião intracelular mais comum. Cerca de metade do magnésio total no corpo humano encontra-se ao nível intracelular dos tecidos moles, enquanto a outra metade está localizada nos ossos (Elin, 1994).

O estrôncio (Sr) é considerado o inibidor de osteoclastos mais complexo. Nos seres humanos, o estrôncio manifestou efeitos positivos quando foi administrado em combinação com cálcio em pacientes osteoporóticos (Aaseth *et al.*, 2012).

Tao *et al.* utilizaram ratos OVX como modelo para a avaliação *in vivo* de implantes de titânio com superfícies modificadas com HAp incorporando Mg, Zn e Sr. Os resultados da técnica de investigação micro-CT mostraram que o revestimento dopado com Sr manifestou as melhores propriedades para a osseointegração de implantes de Ti (quando comparado com os revestimentos dopados com Zn ou Mg). O grupo de investigação demonstrou, através de testes biomecânicos, o efeito benéfico do revestimento de Sr na fixação do implante e que o novo tecido ósseo desenvolvido na superfície do implante se ligava ao osso trabecular circundante (Tao *et al.*, 2016).

Recentemente, as ligas de Ti de tipo beta revelaram-se biomateriais médicos promissores para implantes (graças às suas excelentes propriedades), incluindo substituição de articulações, ossos ou dentes. Guo *et al.* utilizaram uma liga de Ti de tipo beta conhecida como TLM (Ti-5Zr-3Sn-5Mo-15Nb) com uma camada de Mobased na superfície para investigar as caraterísticas estruturais, a microdureza da superfície e a composição química. Muitos estudos demonstraram que a superfície das ligas de Ti modificadas com Mo apresenta uma compatibilidade mecânica adequada e reduz a aderência bacteriana. O modelo TLM tratado com Mo apresentou excelentes propriedades tribológicas (tais como baixo coeficiente de atrito ou taxa de desgaste específica) (Guo *et al.*, 2016).

Atualmente, muitos grupos de investigação voltaram a sua atenção para superfícies nanoestruturadas para implantes de Ti, a fim de desenvolver biomateriais implantáveis alternativos com comportamentos osteogénicos e antibacterianos. Esta abordagem atractiva e desafiante deve-se ao aumento do número de pacientes que sofrem de complicações de cicatrização óssea, em resultado do envelhecimento, da osteoporose ou da diabetes.

Huo *et al.* provaram que, ao selecionar a topografia adequada, em particular uma superfície nanoestruturada, é possível estimular o processo de osseointegração. Os nanotubos de titânia (NTs), fabricados através de uma estratégia de anodização eletroquímica, provaram experimentalmente uma boa osseointegração do implante durante os ensaios *in vivo* realizados, um aumento da funcionalidade das células ósseas durante as avaliações *in vitro* realizadas e foram avaliados como uma plataforma adequada de carregamento e distribuição controlada de fármacos para elementos bioactivos inorgânicos, especialmente para estruturas metálicas como a prata ou o zinco, que são funcionais e estáveis em doses reduzidas. Amostras de NTs de titânia e NTs incorporadas com Zn (NT-Zn) foram fabricadas por anodização eletroquímica e método hidrotérmico em implantes de Ti, a fim de induzir a capacidade de osteogénese e efeitos antibacterianos (Huo *et al.*, 2013). Geralmente, o método de síntese hidrotérmica é definido como um processo em que "os componentes são submetidos à ação da água, a temperaturas geralmente próximas, embora muitas vezes consideravelmente acima da temperatura crítica da água (~370°C) em bombas fechadas e, portanto, sob as correspondentes altas pressões desenvolvidas por tais soluções" (Morey, 1953). A fim de ajustar a concentração de Zn, o tempo e os parâmetros estruturais dos nanotubos foram adaptados durante o tratamento hidrotérmico. A síntese hidrotérmica foi realizada utilizando uma solução de $Zn(AC)_2$, durante 3 horas; o Zn foi assim homogeneamente disperso ao longo de todo o comprimento dos nanotubos produzidos. As amostras de NT-Zn apresentaram bons efeitos antibacterianos, pelo que os investigadores concluíram que estes revestimentos podem prevenir com êxito as infecções pós-implantação. Além disso, os nanotubos de titânia carregados com Zn aumentaram experimentalmente a diferenciação osteogénica das células estaminais mesenquimais (MSCs) (Huo *et al.*, 2013). As MSCs são células pluripotentes que possuem potencial de multi-linhagem e auto-renovação, sendo assim constantemente utilizadas em aplicações biomédicas, como a engenharia de tecidos (Jin *etal.*, 2013).

O tratamento hidrotérmico foi também utilizado por Zhao *et al.* para fabricar estruturas nanotubulares de estrôncio (NT-Sr) que permitem a libertação controlada de Sr, de modo a aumentar o potencial osteogénico de um implante de Ti (Zhao *et al.*, 2013).

Estudos recentes centraram a sua atenção na modificação da superfície do Ti e das ligas de Ti utilizando um tratamento de irradiação laser, uma abordagem inovadora que permitiu o fabrico de superfícies com uma área superficial melhorada, molhabilidade e corrosão insignificante (como foi avaliado utilizando o modelo ósseo) (Sisti *et al.*, 2015).

Faeda *et al. observaram* um processo de cicatrização rápida quando utilizaram o tratamento laser para modificar a superfície do Ti com um revestimento de hidroxiapatite. O feixe de laser aumentou a temperatura da superfície do titânio até ao ponto de fusão e um processo de arrefecimento rápido subsequente permitiu a formação de uma camada espessa de TiO com uma microestrutura rugosa. A camada de óxido formada na superfície do cpTi tem a capacidade de melhorar a resistência da ligação da apatite, dada a elevada afinidade química entre a HAp e o TiO_2. O revestimento de HAp foi depositado na superfície utilizando a técnica de pulverização por plasma. Os dados recolhidos no presente estudo mostraram que os implantes de Ti com superfície modificada assistida por laser e subsequente revestimento químico de HAp podem reduzir o tempo necessário para o processo de cicatrização do implante, aumentando especificamente as interações entre o tecido ósseo e o implante nas primeiras 8 semanas após a implantação (Faeda *et al.*, 2009).

O quitosano (CS) é um polímero catiónico natural, um polissacárido obtido a partir da desacetilação da quitina, que tem várias aplicações potenciais no domínio biomédico graças à sua capacidade adequada de formação de película, biocompatibilidade, elevada resistência mecânica, não toxicidade e atividade antifúngica. Possui também propriedades químicas e físicas favoráveis que o recomendam para aplicações tão exigentes, incluindo uma grande área de superfície específica e uma forte capacidade de adsorção (Jayakumar *et al.*, 2007).

As nanopartículas de ouro (designadas por AuNPs ou GNP) são atualmente objeto de um intenso estudo como potenciais biomateriais, graças às suas propriedades ópticas únicas, à sua excecional biocompatibilidade e ao seu comportamento não tóxico. Atualmente, as AuNPs desempenham um papel importante em novos sistemas nanoestruturados com resultados promissores na imagiologia médica, no tratamento do cancro e no diagnóstico clínico. As AuNPs também são conhecidas como nanobiomateriais promissores, considerando sua capacidade de atuar como mediador para restringir o anticorpo para reter eficientemente sua atividade (Pantapasis e Grumezescu, 2016). Farghali *et al.* avaliaram experimentalmente a possibilidade de ultrapassar as restrições do Ti utilizado em aplicações ortopédicas através do fabrico de um revestimento nanobiocompósito com elevada estabilidade de dispersão de AuNPs em matriz CS numa superfície de titânio, utilizando a técnica de eletrodeposição.

Os autores utilizaram este método com o objetivo de obter filmes mais aderentes, com menor risco de fissuração do revestimento. Os revestimentos produzidos foram investigados através de várias técnicas, tais como XPS, SEM e EDX.

A atividade antibacteriana do revestimento compósito desenvolvido foi estudada contra a estirpe *S. aureus*, em comparação com amostras de Ti nu e quitosano puro. Os resultados relatados mostraram a formação específica de um filme nanocompósito estável e passivo na superfície do Ti, com AuNPS disperso de forma homogénea incorporado na matriz de quitosano. O revestimento biocompósito nanoestruturado mostrou uma resistência excecional contra a colonização da estirpe bacteriana *S. aureus*. Este comportamento antibacteriano deve-se ao pequeno tamanho das partículas de ouro, que penetram especificamente na parede celular bacteriana (impedindo assim a sua posterior replicação) e produzem a inativação de enzimas celulares (através da geração de peróxido de hidrogénio) (Farghali *et al.*, 2015).

CAPÍTULO 4

4. Sistemas de administração de medicamentos de substâncias biologicamente activas na interface osso-implante

Uma das prioridades na conceção de dispositivos ortopédicos era centrar-se principalmente na função e nas propriedades mecânicas do implante. Após a implantação, podem surgir várias complicações que podem levar a uma nova cirurgia.

Estatisticamente, as infecções agudas ou crónicas de dispositivos ortopédicos de reconstrução ou de fratura ocorrem em cerca de 100 000 casos/ano nos EUA. As infecções dos implantes são uma das principais causas de morbilidade e, por vezes, até de mortalidade em todo o mundo e não resultam apenas de técnicas cirúrgicas ou de factores do hospedeiro (como doenças crónicas ou obesidade), mas as caraterísticas anatómicas do dispositivo, incluindo a forma, a topografia ou o tamanho, também são consideradas factores-chave no aparecimento das infecções.

Foram efectuadas muitas investigações para melhorar a osseointegração e diminuir as reacções adversas do corpo humano. A fim de melhorar os resultados dos doentes, os grupos de investigação estão a envidar esforços para desenvolver implantes do futuro que, segundo se espera, controlarão o ambiente local de forma adequada e com riscos mínimos (Goodman *et al.*, 2013).

Os biofilmes são conhecidos como comunidades estruturadas de bactérias que podem aderir a diferentes superfícies e podem ocorrer em suportes inertes ou vivos em vários ambientes, sendo responsáveis por uma grande variedade de infecções humanas (Junter *et al.*, 2016).

Durante o desenvolvimento do biofilme, as bactérias segregam uma matriz chamada matriz de glicocálix que retém nutrientes e oferece proteção contra a resposta imunitária do corpo humano e obstrui a difusão de antibióticos.

Uma estratégia comum utilizada para aumentar a resistência à colonização bacteriana consiste em alterar as propriedades físico-químicas da superfície do titânio ou de outros materiais utilizando um revestimento capaz de minimizar as forças físicas associadas à adesão bacteriana na fase inicial da formação do biofilme. Atualmente, um método melhor e mais recente é a utilização de revestimentos de superfície capazes de libertar de forma sustentada agentes antimicrobianos, também conhecidos como "revestimentos activos" (Radulescu *et al.*, 2015).

Estes revestimentos são sistemas promissores de libertação de fármacos e são frequentemente estudados atualmente. Karlsson *et al.* efectuaram uma investigação com o objetivo de criar um sistema de libertação de fármacos na interface osso/implante utilizando um implante de Ti revestido com uma fina película mesoporosa de TiO_2 carregada com alendronato. Este é um bifosfonato, um medicamento para a osteoporose que é utilizado principalmente pela sua capacidade de suprimir a atividade osteoclástica. Os bisfosfonatos podem ser classificados em dois grandes grupos: os bisfosfonatos sem azoto (por exemplo, o etidronato) e o grupo mais potente para este tipo de aplicações médicas, os bisfosfonatos com azoto (incluindo o alendronato, o zolendronato, etc.). Karlsson *et al.* provaram que o implante de Ti revestido com uma fina camada de TiO_2 mesoporoso pode ser utilizado como sistema de administração de alendronato, que foi libertado de forma sustentável do revestimento e permaneceu nas proximidades durante 8 semanas. Estes resultados foram obtidos a partir de testes in vivo para os quais foi utilizada uma tíbia de rato (Karlsson *et al.*, 2015, Russell, 2011).

Um dos primeiros estudos realizados com o objetivo de incorporar bisfosfonatos e antibióticos num revestimento de implante foi feito por Forsgren *et al.* em 2011. Pretendiam provar que, ao utilizar um revestimento de implante como veículo para diferentes antibióticos, pode ser criado um efeito bactericida na vizinhança do implante e, consequentemente, este veículo pode reduzir o número de infecções precoces associadas à adesão de bactérias na superfície do implante após a cirurgia. A estabilidade do implante pode ser assegurada permitindo que a superfície administre também bisfosfonatos, de modo a obter uma formação óssea mais densa à volta do implante. Esta estratégia é proposta para aumentar a estabilidade do implante e, ao mesmo tempo, reduzir a taxa de infeção. Para analisar este duplo efeito, Forsgren *et al.* criaram um revestimento de hidroxiapatite biomimética (BHAp) (que constitui uma interface adequada entre o tecido ósseo e o implante devido à sua estrutura próxima da apatite mineral do osso natural) e carregaram simultaneamente bisfosfonatos - clorodronato - e antibióticos - cefalotina. Os resultados mostraram que a incorporação de ambas as substâncias foi bem sucedida e não foram registados efeitos negativos. Obtiveram uma libertação controlada do antibiótico durante 43 horas, o que é muito bom para evitar a adesão imediata de bactérias na superfície durante os primeiros dias após a cirurgia (Forsgren *et al.*, 2011).

Em comparação com a administração sistémica tradicional de medicamentos, foram comunicadas várias vantagens, tais como

- libertação controlada da superfície
- são necessárias doses mais baixas
- biodisponibilidade controlada da dose
- elevado controlo da toxicidade
- prevenção da exposição sistémica a medicamentos

Um sistema de libertação de fármacos ideal deve fornecer fármacos para um efeito completo e máximo sem produzir um efeito tóxico para o tecido circundante (Lyndon *et al.*, 2014).

Recentemente, o desenvolvimento de superfícies nanoporosas auto-organizadas em titânio tem merecido a atenção dos investigadores devido às suas propriedades adequadas, tais como a posse de uma área de superfície mais elevada para a adsorção de biomoléculas ou o aumento do volume do depósito para o carregamento de fármacos. A sílica porosa possui várias caraterísticas favoráveis, como, por exemplo, grandes áreas de superfície, estruturas mesoporosas estáveis, propriedades de superfície bem definidas, etc., que são promissoras para o acolhimento de moléculas de muitas dimensões, funcionalidades ou formas.

Foi referido que os revestimentos de nanotubos de TiO_2 desenvolvidos anodicamente em substratos de titânio são adequados para o carregamento e a administração local de factores de crescimento ou medicamentos em implantes. Neste contexto, foi referido que o carregamento com gentamicina diminui efetivamente a adesão bacteriana inicial. No entanto, este tipo de revestimentos demonstrou que apresenta resultados insatisfatórios relativamente à cinética de libertação. Para resolver este problema, foram desenvolvidas e investigadas estruturas nanotubulares anfifílicas de TiO_2, que apresentam um sistema de libertação de fármacos altamente controlável, com base no facto de a capa hidrofóbica apresentada pela estrutura nanotubular impedir a lixiviação descontrolada do fármaco hidrofílico para um ambiente líquido, podendo ser removida por diferentes processos (Andersen *et al.*, 2013).

Hickok *et al.* desenvolveram uma estratégia para prevenir a adesão e colonização bacterianas com dois objectivos principais: evitar terapias susceptíveis de promover a formação de agentes patogénicos e prevenir a formação de biofilme. Assim, nestes termos, pretendiam criar uma superfície de implante que pudesse integrar um sistema de libertação controlada com uma camada antibacteriana que pudesse resistir de dias a anos. Os antibióticos foram fixados em substratos de cpTi - vancomicina e vancomicina, gentamicina, ceftriaxona, canamicina, tetraciclina - na liga Ti90Al6V4 e estas superfícies mostraram atividade antibacteriana com retenção da especificidade antibiótica. O potencial da vancomicina, da canamicina e da gentamicina foi relatado ao longo das últimas décadas, sendo hoje bem conhecido que estão reservados para o tratamento de várias infecções, incluindo as causadas pelo *S. aureus* multirresistente. A superfície ligada à vancomicina, desenvolvida por Hickok *et al.*, mostrou uma inibição da colonização bacteriana dependente do tempo para bactérias Gram-positivas como *S. epidermidis* e *S. aureus* e apresentou uma diminuição da colonização bacteriana, mas não eliminou todas as bactérias aderentes. No entanto, a superfície pareceu dotar o implante da capacidade de resistir a vários ataques bacterianos, não apenas ao primeiro, mas recomendam-se estudos futuros, especialmente testes in vivo, para determinar o seu potencial para aplicações no domínio ortopédico (Weigel *et al.*, 2003, Porthouse *et al.*, 1976, Hickok e Shapiro, 2012).

Outra abordagem para resolver estes problemas de implantes é a ligação covalente de uma molécula biocida à superfície do implante, tendo sido comunicadas muitas ligações durante os últimos anos, tais como silanização, ácido difosfónico, animação por plasma , foiopoimerização ou PEGilação (Shapiro *et al.*, 2012).

Um estudo comparativo entre antibióticos ácidos com uma estrutura química semelhante - cefamandol, cefalotina, carbenicilina, amoxicilina - e antibióticos básicos - vancomicina, gentamicina, tobramicina - foi efectuado por Stigter *et al.*

A libertação de antibióticos dos implantes revestidos e a eficácia contra o crescimento de *S.aureus* foram avaliadas *in vitro.* Os resultados mostraram que os antibióticos que contêm grupos carboxílicos apresentam uma melhor interação com o cálcio, o que leva a uma maior incorporação e a uma melhor ligação ao revestimento de fosfato de cálcio. Provaram que os antibióticos ácidos eram libertados mais lentamente do revestimento e que a cefalotina tinha a taxa de incorporação mais elevada, causando uma taxa de libertação mais lenta em PBS.

Os antibióticos básicos (gentamicina e tobramicina) foram pouco incorporados no revestimento e rapidamente libertados. O antibiótico mais promissor é a cefalotina, porque é altamente ativo contra *S.aureus,* é um antibiótico de largo espetro que revelou a maior incorporação e uma libertação mais lenta do revestimento estudado, o que indica que pode ser ativo durante um período de tempo mais longo (Stigter *et al.*, 2004).

As aplicações locais e sistémicas de antibióticos são regularmente combinadas com a intenção de obter o melhor efeito possível. Um sistema de aplicação local eficaz é o cimento ósseo com antibióticos, mas apresenta várias desvantagens, por exemplo, o facto de não ser tecnicamente adequado para a maioria dos tipos de osteossíntese no tratamento de fracturas. Este facto leva ao desenvolvimento de revestimentos "activos" de superfície no campo da ortopedia, incluindo a medicina dentária (Vester *et al.*, 2010).

Vários investigadores experimentaram vários tipos de revestimentos de implantes, tais como surfactantes, polissacáridos como a heparina ou o hialuronano e proteínas, com o objetivo de criar superfícies resistentes à adesão ou repelentes de bactérias. Pan *et al.* investigaram o comportamento das células endoteliais e a anticoagulação do revestimento de óxido de grafeno carregado com heparina em substratos de titânio. A heparina é um anticoagulante bem conhecido, geralmente utilizado para melhorar a compatibilidade sanguínea de um implante. Os resultados desta investigação mostraram que estes revestimentos não só melhoram a compatibilidade sanguínea do implante de Ti, como também promovem a adesão e a proliferação das células endoteliais (Pan *et al.*, 2016, Vester *et al.*, 2010).

Os revestimentos que contêm gentamicina parecem ser uma abordagem promissora para criar sistemas de administração local, razão pela qual Vester *et al.* desenvolveram um revestimento de poli(D,L-lactido) - DLL/gentamicina com o objetivo de analisar a cinética da gentamicina *in vivo* e *in vitro.*

Outros parâmetros investigados por este grupo de investigação foram a resistência desenvolvimento e o seu impacto nos osteoblastos, mas também a eficácia antibacteriana deste novo sistema. Os resultados levam à teoria de que a gentamicina foi rapidamente libertada do revestimento com uma explosão inicial em solução aquosa seguida de uma libertação suave. Provaram que os osteoblastos não foram afectados negativamente pela libertação do antibiótico e que a adesão bacteriana foi evitada com sucesso. Não é necessária uma segunda cirurgia para remover a substância de suporte. Este tipo de revestimento parece ser um acessório promissor para a profilaxia de infecções associadas a implantes (Vester *et al.*, 2010).

Uma abordagem promissora para ultrapassar os problemas de infeção associados aos implantes é também a combinação de micropartículas encapsuladas através de mecanismos físicos com as superfícies dos implantes. Para criar este tipo de sistemas de administração local, são acessíveis micropartículas carregadas com diferentes fármacos e uma variedade de materiais de microesferas. Neste sentido, Wang *et al.* desenvolveram uma técnica eficaz para combinar micropartículas de polímeros solúveis em água (quitosano e alginato) com revestimentos porosos nas superfícies dos implantes. Mostraram que, através de uma técnica simples baseada em aprisionamento, as micropartículas de polissacarídeos contendo vancomicina e gentamicina podem ser aprisionadas com sucesso em superfícies revestidas porosas com a intenção de oferecer uma libertação controlada do fármaco e inibir o crescimento bacteriano no implante (Wang *et al.*, 2015a).

Yang *et al.* provaram a utilidade destes revestimentos "activos" ao desenvolverem um revestimento funcionalizado com CecB - cecropina B, um péptido catiónico que pode inibir a adesão de bactérias e, ao mesmo tempo, reduzir as respostas inflamatórias dos macrófagos. Foi revestida uma película de polidopamina na superfície de substratos de Ti como uma camada de transição para a imobilização da cecropina B. Examinaram a resposta inflamatória (que é um dos principais factores que conduzem à falha do implante) das células RAW-264.7 em substratos de Ti-polidopamina-CecB e os resultados confirmam que este revestimento é benéfico para a inibição das respostas inflamatórias dos macrófagos (Xu *et al.*, 2013).

Os avanços nas ciências da engenharia e no domínio da biologia orientaram a elaboração de novas abordagens no desenvolvimento de implantes do futuro que podem facilitar a vida de muitos doentes, proporcionando uma rápida osteointegração e uma vida normal após a cirurgia.

CAPÍTULO 5

5. Conclusões

Muitas das funções vitais do corpo humano são asseguradas pelo sistema esquelético humano, que consiste em ossos e tecido fibroso ligado ao osso.

Apesar de o tecido ósseo ter uma notável capacidade de se renegerar a si próprio, as fracturas e outros defeitos ósseos representam um desafio para muitos engenheiros, no sentido de encontrar uma solução adequada para cada doente. Com o objetivo de resolver vários problemas e restaurar a função principal do tecido duro, engenheiros, designers e cirurgiões desenvolveram diferentes dispositivos, como próteses, andaimes ou implantes.

Atualmente, os implantes ósseos são fabricados em titânio ou em ligas de titânio devido às suas excelentes propriedades mecânicas, à baixa taxa de corrosão ou à capacidade de formar um contacto direto com o osso.

Tendo em conta que o primeiro fragmento do implante que interage com o corpo humano é a superfície, a sua modificação tem sido uma tarefa importante para os investigadores, de modo a melhorar o carácter osteocondutor e as propriedades biocompatíveis de um implante.

Geralmente, os átomos à superfície são instáveis e podem controlar a maioria das reacções biológicas na interface tecido-implante.

Para melhorar a osseointegração de um implante, foram investigados muitos tratamentos de superfície e desenvolvidos vários tipos de revestimentos com o objetivo de promover a formação óssea à volta do implante.

É bem conhecido o facto de que, após a cirurgia, no primeiro contacto, as bactérias aderem e desenvolvem um biofilme numa superfície normal de um implante, razão pela qual os implantes podem ser impregnados ou revestidos com diferentes agentes antimicrobianos, tais como antibióticos, biomoléculas, agentes antimicrobianos, vários iões ou diferentes materiais que podem desenvolver uma resistência bacteriana após a implantação.

Os progressos na ciência dos materiais e na biologia celular levaram à elaboração de novos revestimentos biologicamente activos com carácter osseoindutor e, ao mesmo tempo, osseocondutivo que estimulam uma rápida osseointegração e previnem infecções.

Referências

Aarden Em, B. E., Nijweide Pj 1994. Function Of Osteocytes In Bone (Função dos Osteócitos no Osso). *J Cell Biochem.* 55, 287-99.

Aaseth, J., Boivin, G. & Andersen, O. 2012. Osteoporose e oligoelementos - Uma visão geral. *Journal of Trace Elements In Medicine And Biology,* 26, 149-152.

Abdulkareem, E. H., Memarzadeh, K., Allaker, R. P., Huang, J., Pratten, J. & Spratt, D. 2015. Atividade Anti-Biofilme de Nanopartículas de Óxido de Zinco e Hidroxiapatita como Materiais de Revestimento de Implantes Dentários. *Journal Of Dentistry,* 43, 1462-1469.

Agnes Gydrgyeya, K. U., Gabriella Kecskemetib, Judit Kopniczkyb, Bela Hoppe, Albert Oszkod, Istvan Pelsdczia, Zoltan Rakonczaya, Katalin Nagye, Kinga Turzoa 2013. Fixação e proliferação de células semelhantes a osteoblastos humanos (Mg-63) em material de implante de titânio a laser. *Ciência e Engenharia de Materiais: C,* 33, Páginas 4251^4259.

Alla, R. K., Ginjupalli, K., Upadhya, N., Shammas, M., Ravi, R. K. & Sekhar, R. 2011. Rugosidade da superfície de implantes: A Review. *Tendências em Biomateriais e Órgãos Artificiais,* 25, 112-118.

Amgen (http://bonebiology.amgen.com/) Introdução à Biologia Óssea. Novos conhecimentos sobre a biologia óssea, 2016.

Andersen, O. Z., Offermanns, V., Sillassen, M., Almtoft, K. P., Andersen, I. H., Sorensen, S., Jeppesen, C. S., Kraft, D. C. E., Bottiger, J., Rasse, M., Kloss, F. & Foss, M. 2013. Crescimento ósseo acelerado por entrega local de estrôncio de implantes de titânio funcionalizados de superfície. *Biomaterials,* 34, 5883-5890.

Anitua, E., Pinas, L., Murias, A., Prado, R. & Tejero, R. 2015. Efeitos dos íons de cálcio nas superfícies de titânio para regeneração óssea. *Colloids And Surfaces B: Biointerfaces,* 130, 173-181.

Archibeck, M. J., Jacobs, J. J., Roebuck, K. A. & Giant, T. T. 2000. The Basic Science Of Periprosthetic Osteolysis* (A Ciência Básica da Osteólise Periprotética). *The Journal Of Bone & Joint Surgery,* 82, 1478-1478.

Bauer, S., Schmuki, P., Von Der Mark, K. & Park, J. 2013. Engenharia de superfícies de implantes biocompatíveis: Parte I: Materiais e superfícies. *Progresso em ciência dos materiais,* 58, 261-326.

Bellantone, M., Williams, H. D. & Hench, L. L. 2002. Atividade bactericida de largo espetro do vidro bioativo dopado com Ag(2)O. *Antimicrobial Agents And Chemotherapy,* 46, 1940-1945.

Benea, L., Mardare-Danaila, E., Mardare, M. & Celis, J.-P. 2014. Preparação de óxido de titânio e hidroxiapatita na superfície da liga Ti-6al-4v e comportamento eletroquímico em solução de fluido bio-simulado. *Ciência da Corrosão,* 80, 331-338.

Bigi, A., Nicoli-Aldini, N., Bracci, B., Zavan, B., Boanini, E., Sbaiz, F.,

Panzavolta, S., Zorzato, G., Giardino, R. & Facchini, A. 2007. Cultura in vitro de células mesenquimais em liga de hidroxiapatita nanocristalina revestida Ti13nb13zr. *Journal Of Biomedical Materials Research Part A,* 82, 213-221.

Bonewald, L. F. 2011. The Amazing Osteocyte. *Journal Of Bone And Mineral Research,* 26, 229-238.

Boskey, A. L. 2013. Composição óssea: Relação com a fragilidade óssea e os efeitos dos medicamentos antiosteoporóticos. *Bonekey Rep,* 2.

Britannica, T. E. O. E. 2015. Osso esponjoso.

Brunette, D.M., Tengvall, P., Textor, M., Thomsen, P. 2001. *Titanium In Medicine,* Springer.

Chen, Y., Zheng, X., Xie, Y., Ding, C., Ruan, H. & Fan, C. 2008. Propriedades Antibacterianas e Citotóxicas de Revestimentos Ha contendo Prata Pulverizada por Plasma. *Jornal de Ciência dos Materiais: Materiais em Medicina,* 19, 3603-3609.

Donachie, M. J. 2000. *Titanium: A Technical Guide Second Edition,* Asm International. ISBN: 978-0-87170-686-7

Dunand, D. C. 2004. Processamento de espumas de titânio. *Materiais de Engenharia Avançada,* 6, 369-376.

Elin, R. J. 1994. Magnesium: The Fifth But Forgotten Electrolyte. *American Journal Of Clinical Pathology,* 102, 616-622.

Evangelos Terpos, D. C. 2015. Cancros ósseos primários e metástases ósseas, Ii, 65-72.

Faeda, R. S., Tavares, H. S., Sartori, R., Guastaldi, A. C. & Marcantonio Jr, E. 2009. Desempenho Biológico do Revestimento Químico de Hidroxiapatita Associado à Modificação da Superfície de Implantes por Feixe de Laser: Estudo Biomecânico em Tíbias de Coelhos. *Journal Of Oral And Maxillofacial Surgery,* 67, 1706-1715.

Farghali, R. A., Fekry, A. M., Ahmed, R. A. & Elhakim, H. K. A. 2015. Resistência à corrosão do Ti modificado por nanopartículas de quitosana-ouro para implantação ortopédica. *Jornal Internacional de Macromoléculas Biológicas,* 79, 787-799.

Forsgren, J., Brohede, U., Stromme, M. & Engqvist, H. 2011. Co-Loading Of Bisphosphonates And Antibiotics To A Biomimetic Hydroxyapatite Coating. *Biotechnology Letters,* 33, 1265-1268.

Furko, M., Jiang, Y., Wilkins, T. & Balazsi, C. 2016. Desenvolvimento e caraterização de camada biocerâmica dopada com prata e zinco em materiais de implante metálico para aplicação ortopédica. *Ceramics International,* 42, 4924-4931.

Goodman, S. B., Yao, Z., Keeney, M. & Yang, F. 2013. O futuro dos revestimentos biológicos para implantes ortopédicos. *Biomaterials,* 34, 3174-3183.

Gregory R. Parr, L. K. G., Richard W. Toth 1985. Titânio: O Metal Misterioso da Implantologia Aspectos dos Materiais Dentários *O Jornal de Dentisteria Protética,* 54, 410-414.

Guo, L., Qin, L., Kong, F., Yi, H. & Tang, B. 2016. Melhorando as propriedades tribológicas da liga Ti-5zr-3sn-5mo-15nb por liga de superfície de plasma de brilho duplo. *Ciência da Superfície Aplicada.* doi:10.1016/j.apsusc.2016.01.201

Gunawarmana, B., Akahoria, M. N., T., Soumaa, T., Ikedac, M., Todaa, H.I. 2005. Propriedades mecânicas e microestruturas de ligas de titânio beta de baixo custo para aplicações na área da saúde. *Ciência e Engenharia de Materiais: C,* 25, Páginas 304-311.

Helene Beaupied, E. L., Claude-Laurent Benhamoud 2007. Avaliação da Biomecânica Macroestrutural do Osso. 74, 233-9.

Hickok, N. J. & Shapiro, I. M. 2012. Antibióticos imobilizados para prevenir infecções de implantes ortopédicos. *Revisões avançadas de entrega de medicamentos,* 64, 1165-1176.

Huang, H., Lan, P.-H., Zhang, Y.-Q., Li, X.-K., Zhang, X., Yuan, C.-F., Zheng, X.-B. & Guo, Z. 2015. Caracterização da superfície e desempenho in vivo de implantes porosos de Ti6al4v revestidos com hidroxiapatita pulverizada por plasma gerados por fusão de feixe de electrões. *Tecnologia de Superfícies e Revestimentos,* 283, 80-88.

Huang, Y., Zhang, X., Qiao, H., Hao, M., Zhang, H., Xu, Z., Zhang, X., Pang, X. & Lin, H. 2016. Estudos de resistência à corrosão e citocompatibilidade de revestimentos de nanocompósitos de fluorohidroxiapatita dopados com zinco em implantes de titânio. *Ceramics International,* 42, 1903-1915.

Huo, K., Zhang, X., Wang, H., Zhao, L., Liu, X. & Chu, P. K. 2013. Atividade osteogênica e efeitos antibacterianos em superfícies de titânio modificadas com matrizes de nanotubos incorporados com Zn. *Biomaterials,* 34, 3467-3478.

Jayakumar, R., Nwe, N., Tokura, S. & Tamura, H. 2007. Sulfated Chitin And Chitosan As Novel Biomaterials. *Jornal Internacional de Macromoléculas Biológicas,* 40, 175-181.

Jie Fu, A. Y., Hee Young Kim, Hideki Hosoda, Shuichi Miyazaki 2015. Novas ligas superelásticas à base de Ti com grande deformação de recuperação e excelente biocompatibilidade. *Ata Biomaterialia,* 17, 56-67.

Jin, H. J., Bae, Y. K., Kim, M., Kwon, S.-J., Jeon, H. B., Choi, S. J., Kim, S. W., Yang, Y. S., Oh, W. & Chang, J. W. 2013. Análise comparativa de células-tronco mesenquimais humanas da medula óssea, tecido adiposo e sangue do cordão umbilical como fontes de terapia celular. *Revista Internacional de Ciências Moleculares,* 14, 1798618001.

Junter, G.-A., Thebault, P. & Lebrun, L. 2016. Superfícies antibiofilme à base de polissacarídeos. *Ata Biomaterialia,* 30, 13-25.

Karlsson, J., Harmankaya, N., Allard, S., Palmquist, A., Halvarsson, M., Tengvall, P. & Andersson, M. 2015. Localização de alendronato ex vivo na interface implante / osso de titânia mesoporosa. *Jornal de Ciência dos Materiais: Materiais em Medicina,* 26, 1-8.

Kassem, N. 2011. As dez principais doenças ósseas (http://www.livestrong.com/).

Kulkarni, M., Mazare, A., Schmuki, P., Iglic, A. & Seifalian, A. 2014. Modificação da superfície do biomaterial de titânio e ligas de titânio para aplicações médicas. *Nanomedicina,* 111, 111.

Labaig-Rueda, A. M.-V. J. C. F.-G. J. C.-C. C. 2010. Tratamento de implantes em pacientes com osteoporose. *Med Oral Patol Oral Cir Bucal.* 15, e52-7.

Larsson, C., Thomsen, P., Aronsson, B. O., Rodahl, M., Lausmaa, J., Kasemo, B. & Ericson, L. E. 1996. Bone Response To Surface- Modified Titanium Implants (Resposta óssea a implantes de titânio com superfície modificada): Studies On The Early Tissue Response To Machined And Electropolished Implants With Different Oxide Thicknesses (Estudos sobre a resposta precoce dos tecidos a implantes maquinados e electropolidos com diferentes espessuras de óxido). *Biomaterials,* 17, 605-616.

Larsson Wexell, C., Thomsen, P., Aronsson, B.-O., Tengvall, P., Rodahl, M., Lausmaa, J., Kasemo, B. & Ericson, L. 2013. Resposta óssea a implantes de titânio modificados por superfície: Estudos sobre a resposta precoce do tecido a implantes com diferentes caraterísticas de superfície. *Jornal Internacional de Biomateriais,* 412482.

Liu, H., Xiao, J., Zhong, W., Wang, L., Qi, M., Ying, X., Nakano, K., Kawakami, T. & Ma, G. 2011. Comportamento In Vitro de Bactérias em Titânio Corrigido por Fluoreto: With Special Regands On Porphyromonas Gingivalis. *Jornal de Biologia de Tecidos Duros,* 20, 47-52.

Liu, X., Chu, P. K. & Ding, C. 2004. Surface Modification Of Titanium, Titanium Alloys, And Related Materials For Biomedical Applications [Modificação da Superfície de Titânio, Ligas de Titânio e Materiais Relacionados para Aplicações Biomédicas]. *Ciência e Engenharia de Materiais: R: Relatórios,* 47, 49-121.

Lyndon, J. A., Boyd, B. J. & Birbilis, N. 2014. Combinações de drogas / dispositivos de implantes metálicos para liberação controlada de drogas em

aplicações ortopédicas. *Jornal de Libertação Controlada,* 179, 6375.
Man Tik Choy, C. Y. T., Ling Chen, Chi Tak Wong, Chi Pong Tsui 2014. Desempenho in vitro e in vivo de implantes bioativos de Ti6al4v/Tic/Ha fabricados pela técnica de sinterização rápida por micro-ondas. *Ciência e Engenharia de Materiais: C,* 42, 746-756.
Morey, G. W. 1953. Síntese Hidrotermal. *Journal Of The American Ceramic Society,* 36, 279-285.
Muhammad Umer Farooq, F. A. K., Hamid Zaigham, Irfan Haider Abidi 2014. Comportamento superelástico de ligas de memória de forma ternária Ti-Nb-Al para aplicações biomédicas. *Cartas de Materiais,* 121, 58-61.
Niinomi, M. 2003. Investigação e Desenvolvimento Recentes em Ligas de Titânio para Aplicações Biomédicas e Produtos de Saúde. *Ciência e Tecnologia de Materiais Avançados,* 4, 445-454.
Niinomi, M. & Nakai, M. 2011. Biomateriais à base de titânio para evitar a proteção contra o stress entre os dispositivos de implantes e o osso. *Jornal Internacional de Biomateriais,* 2011, 836587.
Oursle, A. E. C., Ott, M. J., S. M. & J. Billiard, 2007. Bone Curriculum Educational Resource Materials By The American Society For Bone And Mineral Research (https://depts.washington.edu/).
Pal, S. Design Of Artificial Human Joints & Organs, Springer, 2014.
Pan, C.-J., Pang, L.-Q., Gao, F., Wang, Y.-N., Liu, T., Ye, W. & Hou, Y.-H. 2016. Anticoagulação e comportamentos de células endoteliais do revestimento de óxido de grafeno carregado de heparina na superfície de titânio. *Ciência e Engenharia de Materiais: C,* 63, 333-340.
Pantapasis, K. & Grumezescu, A. M. 2016. *Aplicações Biomédicas de Nanopartículas de Ouro,* Omniscriptum Gmbh & Company Kg. ISBN: 978-3-659-82295-7
Patricia Neacsua, D.-M. G., Valentina Mitrana, Thierry Gloriantb, Marieta Costachea, Anisoara Cimpeana 2015. Avaliação do desempenho in vitro de novas composições de liga Beta Ti-Mo-Nb. *Ciência e Engenharia de Materiais: C,* 47, 105-113.
Porthouse, A., Brown, D. F. J., Smith, R. G. & Rogers, T. 1976. Originalmente publicado como Volume 1, Edição 7949gentamicin Resistance In Staphylococcus Aureus. *The Lancet,* 307, 20-21.
Puleo, D.A., Nanci, A. 1999. Compreender e controlar a interface osso-implante. *Biomaterials,* 20, 2311-2321.
Qizhi Chen, George A. Thouas 2015. Biomateriais de implantes metálicos. *Ciência e engenharia de materiais: R: Relatórios,* 87, 1-57.
Rachit Agarwal, A. J. G. 2015. Estratégias de biomateriais para implantes de

engenharia para osseointegração aprimorada e reparo ósseo. *Revisões avançadas de entrega de medicamentos,* entrega de medicamentos ao tecido ósseo, 53-62.
Radulescu, D., Voicu, G., Oprea, A. E., Andronescu, E., Grumezescu, V., Holban, A. M., Vasile, B. S., Surdu, A. V., Grumezescu, A. M., Socol, G., Mogoanta, L., Mogo§anu, G. D., Balaure, P. C., Radulescu, R. & Chifiriuc, M. C. 2015. Revestimentos de sílica mesoporosa para liberação ativa de cefalosporina na interface osso-implante. *Ciência da superfície aplicada.* doi:10.1016/j.apsusc.2015.10.183.
Rai, M., Yadav, A. & Gade, A. 2009. Silver Nanoparticles As A New Generation Of Antimicrobials (Nanopartículas de prata como uma nova geração de antimicrobianos). *Biotechnology Advances,* 27, 76-83.
Ramis, J. M., Taxt-Lamolle, S. F., Lyngstadaas, S. P., Reseland, J. E., Ellingsen, J. E. & Monjo, M. 2012. Identificação de genes de resposta precoce à rugosidade e modificação de fluoreto de implantes de titânio em osteoblastos humanos. *Implant Dent,* 21, 141-9.
Rodney Boyer, G. W., E.W.Collings 1994-2007. *Manual de Propriedades dos Materiais: Ligas de titânio.* ISBN: 978-0-87170-481-8.
Russell, R. G. G. 2011. Bisphosphonates: The First 40years. *Bone,* 49, 2-19.
Salou, L., Hoornaert, A., Louarn, G. & Layrolle, P. 2015. Osseointegração melhorada de implantes de titânio com superfícies nanoestruturadas: Um estudo experimental em coelhos. *Ata Biomaterialia,* 11,494-502.
Shapiro, I. M., Hickok, N., Parvizi, J., Stewart, S. & Schaer, T. 2012. Engenharia molecular de um implante ortopédico: Da bancada à cabeceira da cama. *Eur Cell Mater,* 23, 362-370.
Sisti, K. E., De Andres, M. C., Johnston, D., Almeida-Filho, E., Guastaldi, A. C. & Oreffo, R. O. C. 2015. As interações entre células-tronco esqueléticas e implantes ósseos são aprimoradas pela modificação do titânio a laser. *Comunicações de pesquisa bioquímica e biofísica.* http://dx.doi.Org/10. 1016/j.bbrc.2O15.10.013
Sondi, I. & Salopek-Sondi, B. 2004. Nanopartículas de prata como agente antimicrobiano: A Case Study On E. Coli As A Model For Gram-Negative Bacteria. *Journal Of Colloid And Interface Science,* 275, 177-182.
Soni Prasad, M. E., Monica Prasad Gibson, Hyeongil Kim, Edward A. Monaco Jr. 2015. Propriedades biomateriais do titânio em odontologia. *Jornal de Biociências Orais.* 57, 192-199.
Stigter, M., Bezemer, J., De Groot, K. & Layrolle, P. 2004. Incorporação de Diferentes Antibióticos em Revestimentos de Hidroxiapatite Carbonatada em Implantes de Titânio, Libertação e Eficácia Antibiótica. *Jornal de Libertação*

Controlada, 99, 127-137.
Surmenev, R. A. 2012. Uma Revisão dos Métodos Assistidos por Plasma para a Fabricação de Revestimentos à Base de Fosfato de Cálcio. *Tecnologia de Superfícies e Revestimentos,* 206, 2035-2056.
Tao, Z.-S., Zhou, W.-S., He, X.-W., Liu, W., Bai, B.-L, Zhou, Q., Huang, Z.-L, Tu, K.-K., Li, H., Sun, T., Lv, Y.-X., Cui, W. & Yang, L. 2016. Um estudo comparativo de implantes de titânio revestidos com hidroxiapatita incorporada com zinco, magnésio e estrôncio para osseointegração de ratos osteopênicos. *Ciência e Engenharia dos Materiais: C,* 62, 226232.
Vester, H., Wildemann, B., Schmidmaier, G., Stdckle, U. & Lucke, M. 2010. Gentamicina fornecida a partir de um revestimento de Pdlla de implantes metálicos: Caracterização In Vivo e In Vitro para Profilaxia Local de Osteomielite Relacionada com Implantes. *Injury,* 41, 10531059.
Von Wilmowsky, C., Moest, T., Nkenke, E., Stelzle, F. & Schlegel, K. A. 2014. Implants In Bone: Part I. A Current Overview About Tissue Response, Surface Modifications And Future Perspectives (Implantes no osso: parte I. Uma visão geral atual sobre a resposta dos tecidos, modificações da superfície e perspectivas futuras). *Oral And Maxillofacial Surgery,* 18, 243-257.
Wang, D., Liu, Q., Xiao, D., Guo, T., Ma, Y., Duan, K., Wang, J., Lu, X., Feng, B. & Weng, J. 2015a. Envolvimento de micropartículas para liberação de drogas de implantes ósseos com superfície porosa. *Journal Of Microencapsulation,* 32, 443-449.
Wang, X.-J., Liu, H.-Y., Ren, X., Sun, H.-Y., Zhu, L.-Y., Ying, X.-X., Hu, S.-H., Qiu, Z.-W., Wang, L.-P., Wang, X.-F. & Ma, G.-W. 2015b. Efeitos da superfície de titânio implantada com fluoreto-íon na citocompatibilidade in vitro e na osteointegração in vivo para aplicações de implantes dentários. *Colloids And Surfaces B: Biointerfaces,* 136, 752-760.
Weigel, L. M., Clewell, D. B., Gill, S. R., Clark, N. C., Mcdougal, L. K., Flannagan, S. E., Kolonay, J. F., Shetty, J., Killgore, G. E. & Tenover, F. C. 2003. Genetic Analysis Of A High-Level Vancomycin-Resistant Isolate Of Staphylococcus Aureus (Análise Genética de um Isolado de Staphylococcus Aureus Resistente à Vancomicina de Alto Nível). *Science,* 302, 1569-1571.
Wijesinghe, W. P. S. L., Mantilaka, M. M. M. G. P. G., Chathuranga Senarathna, K. G., Herath, H. M. T. U., Premachandra, T. N., Ranasinghe, C. S. K., Rajapakse, R. P. V. J., Rajapakse, R. M. G., Edirisinghe, M., Mahalingam, S., Bandara, I. M. C. C. D. & Singh, S. 2016. Preparação de implantes ósseos por revestimento de nanopartículas de hidroxiapatita em camadas finas de dióxido de titânio auto-formadas em superfícies de metal de titânio. *Ciência e Engenharia de Materiais: C,* 63, 172-184.

Wilmowsky, C., Moest, T., Nkenke, E., Stelzle, F. & Schlegel, K. A. 2013. Implantes em osso: Parte I. Uma visão geral atual sobre a resposta dos tecidos, modificações da superfície e perspectivas futuras. *Cirurgia oral e maxilofacial,* 18, 243-257.

Wojciech, L., Marek, W., Piotr, W., Lukasz, B. & Izabela, K. 2016. Materiais de Titânio Poroso Produzidos Usando o Método da Anca. *Materiais de engenharia chave.* Volume Titanium and its Alloys, 149.

Xu, D., Yang, W., Hu, Y., Luo, Z., Li, J., Hou, Y., Liu, Y. & Cai, K. 2013. Funcionalização de superfície de substratos de titânio com Cecropin B para melhorar sua citocompatibilidade e reduzir as respostas de inflamação. *Colloids And Surfaces B: Biointerfaces,* 110, 225-235.

Xue, P., Li, Y., Li, K., Zhang, D. & Zhou, C. 2015. Superelasticidade, resistência à corrosão e biocompatibilidade da liga Ti-19zr-10nb-1fe. *Ciência e Engenharia de Materiais: C,* 50, 179-186.

Y.S. Zhukova, Y. A. P., A.S. Konopatsky, M.R. Filonov 2014. Caracterização do comportamento eletroquímico e filmes de óxido de superfície na liga biomédica superelástica Ti-Nb-Ta em soluções fisiológicas simuladas. *Jornal de ligas e compostos,* 586, S535-S538.

Yuhua Li, C. Y., Haidong Zhao, Shengguan Qu, Xiaoqiang Li e Yuanyuan Li 2014. Novos desenvolvimentos de ligas à base de Ti para aplicações biomédicas. *Materiais,* 7 1709-1800.

Zhao, L., Wang, H., Huo, K., Zhang, X., Wang, W., Zhang, Y., Wu, Z. & Chu, P. K. 2013. A atividade osteogênica de matrizes de nanotubos de titânia carregados com estrôncio em substratos de titânio. *Biomaterials,* 34, 19-29.

Zimmermann, K. A. 2015. Skeletal System: Factos, Função & Doenças/ http://www.livescience.com/).

Printed by Books on Demand GmbH, Norderstedt / Germany